决胜安全

构筑工业互联网平台之盾

王建伟 主编

电子工业出版社
Publishing House of Electronics Industry
北京·BEIJING

内 容 简 介

本书分为上中下三篇，从"势""道""术"三个层面入手，对工业互联网平台安全的背景形势、内涵架构、方法策略和应用实践作出系统论述。本书兼顾理论价值和实践意义，运用大量案例阐释了平台安全防护的实现路径和解决方案，给产业界开展平台安全应用探索提供有益的参考。本书可以帮助有关企事业单位和从业人员全面了解平台安全，强化平台安全能力，做好平台安全防护，从而在工业互联网平台建设和发展的迅猛浪潮中把稳决胜安全之舵。

未经许可，不得以任何方式复制或抄袭本书之部分或全部内容。
版权所有，侵权必究。

图书在版编目（CIP）数据

决胜安全：构筑工业互联网平台之盾 / 王建伟主编. —北京：电子工业出版社，2019.8
ISBN 978-7-121-36854-7

Ⅰ.①决… Ⅱ.①王… Ⅲ.①互联网络－应用－工业发展－网络安全－研究
Ⅳ.①F403-39②TP393.08

中国版本图书馆 CIP 数据核字（2019）第 118167 号

策划编辑：董亚峰
责任编辑：董亚峰
印　　刷：天津嘉恒印务有限公司
装　　订：天津嘉恒印务有限公司
出版发行：电子工业出版社
　　　　　北京市海淀区万寿路 173 信箱　　邮编：100036
开　　本：880×1 230　1/32　印张：13.125　字数：288 千字
版　　次：2019 年 8 月第 1 版
印　　次：2019 年 8 月第 1 次印刷
定　　价：98.00 元

凡所购买电子工业出版社图书有缺损问题，请向购买书店调换。若书店售缺，请与本社发行部联系，联系及邮购电话：(010) 88254888，88258888。

质量投诉请发邮件至 zlts@phei.com.cn，盗版侵权举报请发邮件至 dbqq@phei.com.cn。

本书咨询联系方式：(010) 88254694。

指导委员会

主　　任：谢少锋

副 主 任：李　颖　程晓明　刘九如

编　委　会

主　　编：王建伟

编　　委：廖　凯　郭　娴　刘京娟

　　　　　黄　丹　程薇宸　张慧敏

　　　　　杨佳宁　余章馗　曹　凯

参编单位：国家工业信息安全发展研究中心

序　言

当前，我国正处于制造业转型升级的关键时期，制造业加速向数字化、网络化、智能化方向延伸拓展。党的十九大报告提出："要加快建设制造强国，加快发展先进制造业，推动互联网、大数据、人工智能和实体经济深度融合。"作为数字化转型的关键支撑和深化"互联网+先进制造业"的重要基石，工业互联网正在全球范围内不断颠覆传统制造模式、生产组织方式和产业形态。

党中央、国务院高度重视工业互联网的发展。习近平总书记强调，要深入实施工业互联网创新发展战略。2019年政府工作报告提出："打造工业互联网平台，拓展'智能+'，为制造业转型升级赋能。"2017年11月，国务院印发的《关于深化"互联网+先进制造业"发展工业互联网的指导意见》提出，要着力构建网络、平台、安全三大功能体系，其中网络体系是基础，平台体系是核心，安全体系是保障。

工业互联网风起云涌，安全挑战初现端倪。设备联网、数据上

云、应用平台逐渐实施、落地,传统网络安全威胁与新兴安全风险交织渗透,"线上"安全问题与"线下"安全隐患叠加联动,大规模安全事件时有发生,安全形势"山雨欲来"。习近平总书记强调:"安全是发展的前提,发展是安全的保障,安全和发展要同步推进。"我国工业互联网处于蓬勃发展时期,安全亟须同步跟上。作为制造业转型升级赋能的重要载体,工业互联网平台的安全保障极端重要。作为工业互联网安全体系的"主心骨",平台安全关系到工业互联网的稳定运行、工业赋能的价值实现和智能制造的生态培育,是制造业转型升级的压舱石。《决胜安全:构筑工业互联网平台之盾》一书系统总结了工业互联网平台安全的内涵特性、体系架构、技术方案和产业实践,从理论和实践两个维度阐述了工业互联网平台安全防护的重要性及实现路径,书籍视野广博、论述全面、观点鲜明、内容丰富、条理清晰、案例翔实,既为工业互联网平台安全建设提供了既有经验,也对未来工业互联网平台的发展有很好的指导意义。

值此书付梓之际,谨以此序与读者互勉,着力安全兴业,希冀中国制造更强,期盼工业互联网平台健康稳固、持续发展。

2019年6月

前　言

当前，制造业正在加速向数字化、网络化、智能化方向延伸拓展，软件定义、数据驱动、平台支撑、服务增值、智能主导的特征日趋明显。工业互联网平台作为工业互联网发展的核心载体，成为领军企业竞争的新赛道、全球产业布局的新方向、制造大国竞争的新焦点。2017年11月，国务院印发《关于深化"互联网+先进制造业"发展工业互联网的指导意见》，提出构建网络、平台、安全三大功能体系，建立涵盖设备安全、控制安全、网络安全、平台安全和数据安全的工业互联网多层次安全保障体系。

工业互联网平台向上承载应用生态，向下接入机器设备，是连接工业用户企业、设备供应商、服务商、开发者、上下游协作企业的核心枢纽，可以说，平台安全是工业互联网安全体系的"主心骨"，平台安全一旦"一着不慎"，或将导致工业互联网"满盘皆输"。从全局看，未来工业互联网平台甚至可以通过集中统一防护的方式，肩负起广泛、全面提升制造业网络安全能力的责任，大幅降低

制造业企业、特别是中小企业构建企业级网络安全体系的门槛。

工业互联网平台建设和发展方兴未艾，平台安全更是一个全新的安全领域，具备高度的前沿性和复杂性，面临着前所未有的严峻形势和风险挑战。一方面，工业互联网平台连通工业网络与互联网，相较于云安全，它的接入对象种类更多，数据安全责任主体更复杂，且微服务组件和应用服务安全隐患也更突出，在设备、网络、工控、应用、数据等方面均面临更加多元、复杂的安全威胁，需要引入新的安全管理和技术模式。另一方面，工业网络相对脆弱，针对平台的攻击手段逐渐升级，时刻挑战着传统网络安全防护技术。目前我国相关企业开始注重在平台核心软硬件和安全防护技术方面的攻坚，虽然取得了一定进展，但与安全形势的发展情况相比还存在不足，部分核心软硬件仍依赖国外技术产品，存在不可预知的安全隐患。

与此同时，全球工业互联网平台安全研究与实践总体上仍处于起步阶段，国际上对于平台安全体系尚未形成共识，安全保障能力建设的发力点、切入点各不相同。国内产业界和地方在建设和发展工业互联网平台的过程中，安全保障不同步的现象较为普遍，跟平台安全相关的意识培养与宣传培训仍未普及深入。我们亟须针对平台安全的内涵特性、体系架构、方式方法等问题进行深入研究，为平台安全建设提供一个较为系统的理论指导，以及可参考的成熟经验。

为了更好地支撑工业互联网平台的建设和发展、完善平台安全保障体系，我们组织编写了《决胜安全：构筑工业互联网平台之盾》一书。全书分为上、中、下三篇，共九个章节。在编写过程中，我

前　言

们坚持"保安全"与"促发展"同步，坚持"建体系"与"抓重点"结合，坚持"强管理"和"重防护"并举，对工业互联网平台安全之"势""道""术"做出全面阐释。

上篇：工业互联网平台安全之势从平台建设和发展的基本面入手，深刻阐述了平台安全的内涵、外延及其重要性，全面分析了平台安全面临深刻严峻的形势及其变化，帮助读者形成对平台安全的准确认知。第一章在总结平台定位和发展现状的基础上，重点解读了平台的层次架构，为构建平台安全体系奠定基础。第二章系统阐释了平台安全的内涵，从对比的视角分析平台安全区别于传统网络安全、工业互联网安全及云计算安全的地方，突出平台安全保障的重要意义。第三章结合典型的安全性事件、案例，分析平台安全面临的复杂形势，从技术和管理角度对工业互联网平台面临的安全风险进行了全面的剖析。

中篇：工业互联网平台安全之道介绍工业互联网平台安全的参考架构，概述平台安全相关的标准体系、技术体系，对各个层面的安全需求及防护策略进行了深入解析。第四章全面介绍国内外工业互联网平台安全的系列标准和参考模型，从宏观角度建立并阐释了工业互联网平台安全的体系架构。第五章介绍工业互联网平台安全的技术体系，主要包括接入认证与访问控制、数据安全、云平台安全、应用安全及边缘技术安全等，并提供部分技术实现参考。第六章从边缘层安全、工业 IaaS 安全、工业 PaaS 安全、工业 App 安全等方面入手，对平台各个层面的安全问题、防护策略和技术手段进

行了全面、系统的分析，重点探讨了平台接入安全、通用 PaaS 安全、微服务组件安全等典型问题。

下篇：工业互联网平台安全之术聚焦于产业应用实践经验，综合介绍平台安全的管理举措、技术实践，展望未来技术和产业发展趋势，并提出了应对建议。第七章结合现有信息系统安全管理的相关标准，探讨了工业互联网平台安全管理与运维的组织制度体系和基本流程，并详细介绍了风险评估、安全监测、应急响应等安全管理重点环节。第八章详细介绍了平台企业、安全企业等围绕平台安全建设开展的应用实践，选取了丰富的成功案例，梳理了典型的安全解决方案。第九章结合边缘计算、区块链、人工智能等迅猛发展的新技术、新业态，展望分析了工业互联网平台安全的发展趋势和前景，从驱动安全革命、助力生态成形、促进融合发展等角度出发，为平台安全建设提供新思路。

为适应制造业数字化转型升级的发展要求和工业互联网平台安全形势的不断变化，本书内容将适时更新和完善，恳请广大读者提出宝贵意见。

编　者

2019 年 5 月

目 录

上 篇
工业互联网平台安全之势

第一章 立足平台，锚定高质量发展之路
平台定位：工业赋能的超级引擎　　　　7
平台架构：体系建设的四梁八柱　　　　16
平台发展：世界各国的谋篇布局　　　　21

第二章 平台安全：制造业转型升级的压舱石
安全内涵：平台"主心骨"　　　　38
安全特性：对比的视角　　　　55
安全重要性："定海神针"　　　　61

第三章　安全形势：山雨欲来风满楼

安全环境：兵临城下　　　　　　　　　66

技术风险：全面渗透　　　　　　　　　74

管理挑战：任重道远　　　　　　　　　89

中　篇
工业互联网平台安全之道

第四章　标准先行，制定平台安全的"法则"

他山之石：国外相关标准研究现状　　　99

总体框架：国内平台标准体系总览　　　106

发展路径：平台安全标准化主要方向　　117

第五章　多维并举：全面铸造平台安全基础

网络信息安全技术：地基　　　　　　　130

云安全技术：脊梁　　　　　　　　　　149

大数据安全技术：脉络　　　　　　　　166

边缘计算安全技术：前沿　　　　　　　176

目 录

第六章　防护固本：构筑平台安全的"铜墙铁壁"

接入安全：平台安全的"边防"　　　　186
工业 IaaS 层安全：平台安全的基础　　　194
工业 PaaS 层安全：平台安全的核心　　　208
SaaS 层安全：平台安全的关键　　　　　226

下 篇
工业互联网平台安全之术

第七章　安全管理：规范平台内部风险控制

加强组织保障：建章立制　　　　239
规范管理流程：理顺主线　　　　244
巩固重点环节：补齐短板　　　　251

第八章　解决方案：打造平台纵深防御能力

整体定制，搭建公共工业互联网平台安全堡垒　　267
各有千秋，构筑行业工业互联网平台安全防线　　　298

第九章	全面创新：稳操胜券掌控平台安全新局面	
	秣马厉兵：新技术驱动安全革命	335
	排兵布阵：新模式助力生态成形	346
	运筹帷幄：新思路树立必胜之心	359

附录 我国工业互联网安全相关政策	365
参考文献	402
后记	405

上 篇
工业互联网平台安全之势

当前，新一轮科技革命和产业变革正蓬勃兴起，制造业加速向数字化、网络化、智能化方向延伸拓展，软件定义、数据驱动、平台支撑、服务增值、智能主导的特征日趋明显。加快发展工业互联网平台不仅是各国顺应产业发展大势、抢占产业未来制高点的战略选择，也是我国加快制造强国和网络强国建设，推动制造业质量变革、效率变革和动力变革，实现经济高质量发展的客观要求。

与此同时，工业互联网平台发展面临前所未有的安全风险与挑战。随着工业互联网平台建设进入快车道，强化安全能力、提升安全水平已成为护航平台高质量发展的根本保证。

第一章

立足平台，锚定高质量发展之路

当前，新一轮科技革命和产业变革正蓬勃兴起，制造业加速向数字化、网络化、智能化方向延伸拓展，软件定义、数据驱动、平台支撑、服务增值、智能主导的特征日趋明显。工业互联网平台是面向制造业数字化、网络化、智能化需求，构建基于云平台的海量数据采集、汇聚、分析和服务体系，支撑制造资源实现泛在连接、弹性供给、高效配置。从体系架构来看，工业互联网平台包含四大要素：边缘层（数据采集）、基础设施层（工业 IaaS）、平台层（工业 PaaS）和应用层（工业 App）。

工业互联网平台作为工业全要素、全产业链、全价值链的网络化连接的关键枢纽，已成为推动制造业与互联网融合的关键抓手。加快发展工业互联网平台，不仅是各国顺应产业发展大势，抢占产业未来制高点的战略选择，也是我国加快制造强国和网络强国建设，推动制造业质量变革、效率变革和动力变革，实现工业经济高质量发展的客观要求。

第一章
立足平台，锚定高质量发展之路

平台定位：工业赋能的超级引擎

一、工业互联网平台产生的背景：历史与战略选择

1. 新工业革命与互联网创新发展实现历史性交汇

当前，世界范围内正在掀起新一轮工业革命的浪潮。人工智能、清洁能源、机器人技术、量子信息技术、生物技术全面发展，结合云计算、5G、大数据等新一代信息技术，综合带动机械化、电气化、自动化的飞跃，使得网络化、数字化、智能化成为第四次工业革命的基本特征。制造业作为国民经济主要命脉，是工业革命的发端，也是世界各国综合国力竞争的关键领域。作为制造业转型变革和数字经济发展处于历史交汇期的重要产物，工业互联网的出现有其必然性，意义十分重大。工业互联网代表着国家新一代信息基础设施的重要发展方向，已经成为工业体系的"神经中枢"和"互联网+

先进制造业"的重要基石。

下一代无线网络、移动互联网、物联网、云计算、大数据、人工智能、虚拟现实等网络信息技术的创新发展，为制造业转型升级带来了广阔的前景和无限的潜力，对各国发展具有全局性、战略性的影响。在全球范围内，制造业和新一代信息技术融合发展引发的经济、社会、文化、政治全方位变革已经引起世界各国的高度重视，各国争相将其作为推动产业转型升级、提升国家竞争力的重要抓手。

2. 发展工业互联网成为世界各国抢占产业制高点的战略选择

美国、德国、英国、法国、日本等世界发达国家纷纷制订了国家级计划，推动工业互联网的发展。例如，美国提出《工业互联网》《先进制造业伙伴计划》《国家先进制造战略计划》等；德国提出《工业 4.0 计划》《保障德国制造业的未来：关于实施"工业 4.0"战略的建议》《德国 2020 高技术战略》等；英国提出《英国工业 2050 战略》《智造的未来：英国的机遇和挑战新时代》等；法国提出《未来工业》《新工业法国》等；日本提出《机器人新战略》等。

在党中央和国务院的正确领导下，我国工业互联网平台建设扎实推进、欣欣向荣。国家先后推出《关于深化制造业与互联网融合发展的指导意见》《关于深化"互联网+先进制造业"发展工业互

第一章
立足平台，锚定高质量发展之路

联网的指导意见》（以下简称《指导意见》）等一系列指导工业互联网发展的国家战略规划，加强工业互联网网络体系顶层设计，推动工业互联网网络体系的研究和建设，提出了工业互联网发展的思路、目标，推动实现制造业由大变强的历史跨越。

数字经济浪潮持续推动制造业发展变革，融合云计算、物联网、大数据、移动互联网、未来网络等新兴信息通信技术与传统制造技术、工业知识的集成创新不断涌现，在创新进程持续加速、融合创新日益深入的大势下，工业互联网平台应运而生，并发展成为工业转型升级的战略制高点。

3. 制造业转型升级对工业互联网平台提出新需求

当前制造业正处在由数字化、网络化向智能化发展的重要阶段，其核心是基于海量工业数据的全面感知，通过端到端的数据深度集成建模分析，实现智能化的决策与控制指令，形成智能化生产、网络化协同、个性化定制、服务化延伸等新型制造模式。在这一背景下，传统数字化工具已经无法满足需求。

首先，工业数据的爆发式增长需要新的数据管理工具。随着工业系统由物理空间向信息空间延伸、从可见世界向不可见世界延伸，工业数据的采集范围不断扩大，数据的类型和规模都呈指数级增长，这就需要一个全新的数据管理工具，实现海量数据低成本、

高可靠的存储和管理。

其次，企业智能化决策需要新的应用创新载体。海量数据为制造企业开展更加精细化和精准化管理创造了前提，但工业场景高度复杂，行业知识千差万别，由少数大型企业驱动的对传统模式的应用创新难以满足不同企业的差异化需求，这就迫切需要一个开放的应用创新载体，通过工业数据、工业知识沉淀与平台功能的开放调用，降低应用创新门槛，实现智能化应用的爆发式增长。

最后，新型制造模式需要新的业务交互手段。为快速响应市场变化，制造企业之间在设计、生产等领域的并行组织与资源协同日益频繁，企业设计、生产和管理系统都要更好地支持企业间的业务交互，这就需要一个新的交互工具，实现不同主体、不同系统间的高效集成。因此，海量数据管理、工业应用创新与深度业务协同，是工业互联网平台快速发展的主要驱动力量。

二、工业互联网平台的基本内涵：新生态的核心载体

1. 概念

根据工业和信息化部印发的《工业互联网平台建设及推广指南》，工业互联网平台是面向制造业数字化、网络化、智能化需求而构建的基于云平台的海量数据采集、汇聚、分析和服务体系，支

第一章
立足平台，锚定高质量发展之路

持制造资源实现泛在连接、弹性供给、高效配置。

工业互联网本质上是基于云平台的制造业数字化、网络化、智能化的基础设施，工业互联网平台作为工业互联网的核心载体，为企业提供了跨设备、跨系统、跨厂区、跨地域的全面互联互通媒介，能帮助企业在全局层面对设计、生产、管理、服务等制造活动实现优化，为企业的技术创新和组织管理变革提供基本依托。同时，企业通过工业互联网平台，获得了在更大范围内打破物理和组织边界的能力，便于打通企业内部、供应链上下游、供应链之间的数据孤岛，实现资源有效协同，形成无边界组织，实现价值创造从传统价值链向价值网络拓展。

2. 与工业互联网的关系

《指导意见》提出，构建网络、平台、安全三大功能体系，其中，网络体系是基础，平台体系是核心，安全体系是保障。

工业互联网催生新模式、新业态，从而构建全新的工业生态体系。工业互联网具备低延时、高可靠、广覆盖的特点，满足工业智能化发展需求，是关键的网络基础设施，也是深度融合新一代通信技术与工业领域所形成的新应用模式，在此基础上形成了全新的工业生态体系。

在工业互联网支撑各产业、领域进行智能化转型升级发展

的过程中，工业互联网平台是重要的核心载体。工业互联网平台能够进行海量异构数据的汇聚与建模分析、能力标准化与服务化、经验知识软件化与模块化，在此基础上支撑各类创新应用的开发与运行，并支撑智能生产决策、业务模式创新、资源优化配置，进而支持产业生态培育。因此，作为工业互联网的三大要素之一，工业互联网平台是工业要素链接的枢纽，是工业资源配置的核心。

3. 与工业云平台的比较分析

工业云平台指的是工业领域建设、运营、应用的云计算平台，它以软件云化、服务化为目的，同时为客户提供对软件进行配置或二次开发的平台服务化内容，并将数据和信息存储在云端，用于简化企业信息系统，其本质上属于 IT 平台。

工业互联网平台可以认为是工业云平台的延伸发展，其本质是在传统云平台的基础上叠加物联网、大数据、人工智能等新兴技术，构建更精准、实时、高效的数据采集体系，建设包括存储、集成、访问、分析、管理功能的使能平台，实现工业技术、经验、知识的模型化、软件化、复用化，以工业 App 的形式为制造企业提供各类创新应用，最终形成资源富集、多方参与、合作共赢、协同演进的制造业生态。

第一章
立足平台，锚定高质量发展之路

工业互联网平台区别于工业云平台的本质特征在于实现了 IT 与 OT 技术的融合，即在 IT 技术的基础上，将服务器集群的计算、存储等能力进行云化、服务化的转化，形成基础设施服务化；将平台中的微服务、API 等应用开发资源进行云化、服务化的转化，形成平台服务化；将软件进行云化、服务化的转化，形成软件服务化。这是工业互联网平台三个服务化层面的内容。

三、工业互联网平台的主要特征：云化服务赋能创新

1. 泛在连接

工业互联网平台作为工业互联网的核心，是工业领域设备、软件、人员、数据等各类资源、能力互联的信息枢纽。从连接主体层面来看，工业互联网平台应当具备连接人、设备与数据的能力，具备各类生产要素数据的采集能力，是各类资源和能力的调度基础。从数据互联的层面来看，工业互联网平台需要具备对来自不同设备、不同人、不同系统的多源异构数据进行采集、分析和处理的能力。从覆盖范围来看，工业互联网平台未来应逐渐从制造业向其他各相关产业领域拓展，为网络化、智能化升级提供必不可少的服务支撑，助力实现产业上下游、跨行业、跨领域的广泛互联互通，构建使能网络，促进集成共享，为推动经济高质量发展、保障和改善民生提供重要依托。

2. 云化服务

工业互联网平台以云计算架构为基础，实现海量数据的存储、管理和计算。云计算提供基于互联网的服务、使用、交互模式，通过互联网获取动态的、易扩展的、虚拟化的资源，通过"云"来进行互联网及底层基础设施的抽象。云计算通过数据多副本提高容错能力，为千变万化的应用提供支撑，并且同一个"云"可以同时支撑多种应用运行，配合虚拟化技术，对用户提供的资源规模可以按需动态伸缩，而且"云"整体的规模也能够动态伸缩，可随着用户规模的变化而变化，具有超大规模、虚拟化、高可靠性、通用性、高可扩展性、按需服务、价格低廉等特点。通过基础设施层云化，可以将庞大的计算和存储资源转变为一个资源池，使用户能够按需购买，像日常用水、用电、用气那样计费，为用户提供按需服务。将云计算的特性融入工业互联网平台，使工业互联网平台具备基于云计算架构的海量数据存储、管理、计算能力，为平台用户提供覆盖供应链管理、产品全生命周期管理的全产业链的服务。这是工业互联网平台云化服务的特性。

3. 知识积累

工业互联网平台能够提供基于工业知识机理的数据分析能力，并实现知识的固化、积累和复用。工业互联网平台要发挥作用，首先要全面推动工业知识的数据化、模型化,即将人、机、料、法、环等物理世界的资源要素建立数字世界的虚拟映射。其次要将这些数据模型进行加工、组合、优化,形成模块化的制造能力,通过平台化的部署和在线交易,实现制造能力的共享利用。简言之,能够在线交易的制造资源和能力实质是可共享的数据和知识模型的集合,未来谁掌握的工业知识转化的数据资源越多,谁的发展潜力就越大。最后,能够根据个性化的市场需求,基于大数据分析实现制造能力的供需精准对接,按需动态配置全社会的制造资源。

4. 应用创新

工业互联网平台能够调用平台功能及资源,提供开放的工业App 开发环境,实现工业 App 创新应用。相较于传统点对点的服务模式,工业互联网平台通过提供的 API、SDK,配合支持多种主流开发框架、语言,以及逐步累积的由知识固化形成的多种算法、模型封装而成的微服务,更具有大范围快速应用推广的价值。云应用带来的企业综合效益的提升,促使企业更有意愿加速设备设施、生产制造、经营管理、售后服务等各环节的数字化、网络化,实现制造资源的互联互通,进而推动制造资源向云端迁移,破解集成应用的瓶颈,发展远程运维等产品全生命周期创新服务,从而形成供需匹配、良性互动、有效衔接的工业应用服务生态。

平台架构：体系建设的四梁八柱

从构成来看，工业互联网平台主要包括边缘层（数据采集）、基础设施层（工业 IaaS）、平台层（工业 PaaS）和应用层（工业 App），如图 1-1 所示，其中，**边缘层是基础**，通过构建精准、实时、高效的数据采集体系，把数据采集上来，借助协议转换和边缘计算，一部分数据在边缘侧进行处理并直接返回机器设备，另一部分数据传到云端进行综合利用分析，进一步优化生产决策。**基础设施层是支撑**，通过虚拟化技术将计算、存储、网络等资源池化，向用户提供可计量的、弹性化的资源服务。**平台层是核心**，即构建可扩展的操作系统，为工业 App 的应用开发提供基础使能平台。**应用层是关键**，以工业 App 的形式形成满足不同行业、不同场景的应用服务，并提供给工业用户企业。

第一章
立足平台，锚定高质量发展之路

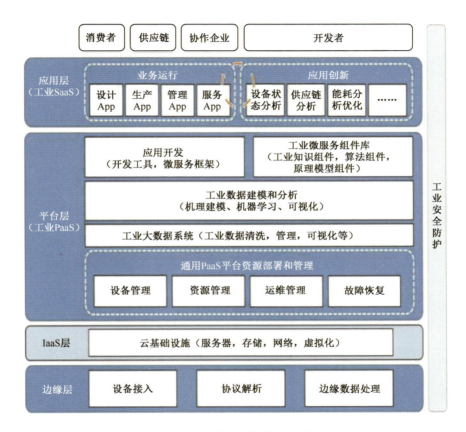

图 1-1 工业互联网平台架构

一、边缘层：汇聚海量数据

边缘指靠近生产现场的地方，主要依靠网络、通信、数据采集与传输等技术，大范围、深层次采集工业生产现场的相关数据，并进行异构数据的协议转换与边缘处理，构建工业互联网平台的数据

基础，实现设备接入、协议解析、边缘数据处理等功能。

边缘层的作用机理主要包括通过各类通信手段接入不同设备、系统和产品，采集海量数据；依托协议转换技术实现多源异构数据的归一化和边缘集成；利用边缘计算设备实现底层数据的汇聚处理，并实现数据向云端平台的集成。

二、基础设施层：云计算资源池

IaaS（Infrastructure as a Service）指基础设施即服务。工业 IaaS，即工业互联网平台的基础设施层，是指运用网络、通信、虚拟化等技术，搭建形成工业互联网平台的底层云计算资源池。基础设施层将服务器集群的运算能力、存储能力作为服务开放给平台用户，工业用户企业不需要购买服务器集群即可使用平台的运算和存储能力。通过虚拟化技术，在服务器集群中形成不同配置的虚拟机，服务器集群作为运算和存储能力的"资源池"，让用户能够按需获取资源。

三、平台层："工业操作系统"

PaaS（Platform as a Service）指平台即服务，是将服务器和开发环境作为服务的平台层，将软件研发的平台作为一种服务。平台层又进一步分为通用 PaaS 层和工业 PaaS 层。

1. 通用 PaaS 层

通用 PaaS 层是与基础设施层、边缘层直接接触的部分，它向上与工业 PaaS 协同工作，主要实现功能包括：**（1）设备管理**。边缘层设备接入工业互联网平台后，通过平台的各类管理工具进行接入平台的设备管理，包括数据上传、设备信息维护等内容。待将设备进行服务化转化后，设备能力即可作为服务供平台用户调用。**（2）资源管理**。主要包括 IaaS 的资源管理功能，通过与 IaaS 虚拟化功能的协同，向用户提供基础设施资源；还可进行工业资源的管理工作，对抽象的能力、数据等资源予以统筹管理。此外，通过平台服务资源管理，对各类微服务、组件、模型进行调度，实现各个组件的复用及服务管理等。**（3）运维管理**。具备收集 PaaS 层的运行状态、应用、微服务、算法、模型、API 的调用状况等功能，并记录 IaaS 的运行信息，向平台运营商提供平台各层级运转状况，实现故障报警等功能。**（4）故障恢复**。具备隔离、重启、数据恢复等机制，在组件、服务产生故障时，保证用户的正常使用及数据的安全。

2. 工业 PaaS

工业 PaaS 在通用 PaaS 的上层，直接面向工业应用开发者，为开发者提供服务化的工业资源。工业 PaaS 由应用开发、工业微服

务组件库、工业数据建模和分析、工业大数据系统等组成。工业 PaaS 在通用 PaaS 上叠加大数据处理、工业数据分析、工业微服务等功能，能够将工业互联网平台转变为可扩展的开放式云操作系统，提供工业数据管理能力，结合工业机理与数据科学，实现数据价值挖掘；还可将技术、经验知识固化，形成可移植、可复用的微服务组件库。此外，能通过开发环境帮助用户快速构建工业 App。

四、应用层：多样解决方案

应用层将各类专业软件云化，以服务的方式提供给用户。在工业互联网平台中，工业 App 主要分为设计、生产、管理、服务等类型。工业技术、经验、知识、最佳实践等可借助工业 App 实现模型化、软件化。工业企业用户通过对工业 App 的调用实现对制造资源的优化配置。

应用层汇聚了工业互联网平台给最终用户提供的各类解决方案，也是工业互联网平台好不好用的直观体现。应用层在提供设计、生产、管理、服务等一系列创新性业务应用的同时，构建了良好的工业 App 创新环境，使开发者基于平台大数据及微服务功能实现应用创新，打造满足不同行业、不同场景的工业 App，集中体现了工业互联网平台对于用户侧的最终价值。

第一章
立足平台，锚定高质量发展之路

平台发展：世界各国的谋篇布局

一、发达国家纵览：战略引领行业变革

国际金融危机之后，世界主要发达国家纷纷认识到以制造业为主体的实体经济的战略意义，期望通过发展高端产业寻求经济发展的新支柱。在此背景下，欧美等发达国家加大力度开展工业互联网平台的研究和建设，通过资源集聚、应用创新，实现生产要素的优化配置，推动工业互联网的落地实施。

1. 美国：抢占先机，率先推出工业互联网平台

美国侧重于在"软"服务方面推动新一轮的工业革命，希望借助网络和数据的力量提升整个工业界的价值创造能力。GE 联合 AT&T、CISCO、IBM、INTEL 等企业成立工业互联网联盟（IIC），

推广工业互联网的概念传播,致力于发展一个"通用蓝图",使各个厂商的设备之间可以实现数据共享。该蓝图的标准不仅涉及 Internet 网络协议,还包括诸如 IT 系统中数据的存储容量、互联和非互联设备的功率大小、数据流量控制等指标,旨在通过制定通用标准,打破技术壁垒,利用互联网激活传统工业过程,更好地促进物理世界和数字世界的融合。

IIC 于 2017 年 1 月发布的美国工业互联网参考架构(IIRA)(见图 1-2)以 IT 技术和网络技术为主要手段,打造服务于制造业的通用平台,实现多个行业业务的横向集成,促进行业信息融合,提高制造资源的配置效率。GE 的工业互联网平台 Predix 已经实现了 10 多个领域的设备接入,IIC 的其他企业围绕 Predix 发挥各自优势,整体提升了 Predix 平台的运营和服务能力。

Predix 平台具有四大核心功能:链接资产的安全监控、工业数据管理、工业数据分析、云技术应用和移动性。Predix 平台为工业现场的数据采集和云端的数据传输专门设计了一个功能模块——Predix 机器,该模块能够嵌入工业控制系统或网关等设备中的软件栈。

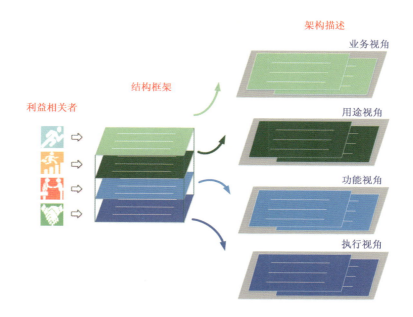

图 1-2 美国工业互联网参考架构（IIRA1.8）

图 1-3 是 Predix 工业互联网平台的基本架构，架构分为三层：边缘连接层、基础设施层和应用服务层。其中，边缘连接层主要负责收集数据并将数据传输到云端；基础设施层主要提供基于全球范围的云基础架构，满足日常的工业生产负载和监督的需求；应用服务层主要负责提供工业微服务和各种服务交互的框架，提供创建、测试、运行工业互联网应用程序的环境和微服务市场。

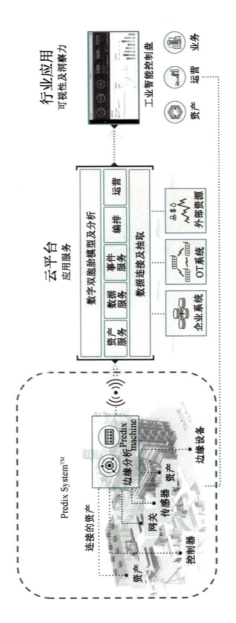

图 1-3 Predix 工业互联网平台架构

借助美国在互联网领域的强大优势，GE 通过与 IT 厂商的合作，将互联网向工业领域推进，实现从 IT 到 OT 的延伸。比如 GE 通过与思科的合作推出了支持 Predix 的工业路由器，它经过强化处理，能经受石油和燃气设施的恶劣环境考验；GE 通过与英特尔合作，将英特尔的处理器和 Predix 软件集成起来，可在任意设备中嵌入智能联网接口；在网络连接性方面，GE 与软银、Verizon 和沃达丰达成联盟，为工业互联网优化了无线网络的连接方案。此外，GE 还与 AT&T 合作，通过 AT&T 的网络将火车、货轮和飞机引擎连入云端。

2. 德国：紧跟其后，以标准促平台建设

德国提出的"工业 4.0"国家战略，借助信息产业将其原有的先进工业模式实现了数字化和智能化，打造智能工厂，推广智慧生产，并把制定和推行新的行业标准放在产业发展的首要位置。德国"工业 4.0"参考架构模型（RAMI 4.0）如图 1-4 所示。

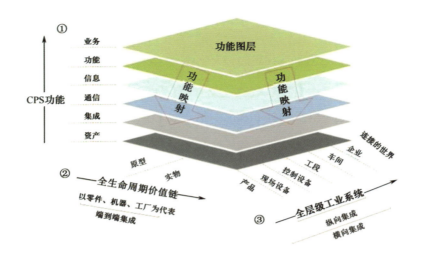

图 1-4　德国工业 4.0 参考架构模型（RAMI 4.0）

　　RAMI 4.0 旨在为"工业 4.0"提出一个直观简单的架构模型，实现各方面的优化管理。RAMI 4.0 以 IEC 62890 和 IEC 62264/61512 为基础，从业务、功能、信息、通信、集成和资产六个层面出发，包括了原型（开发、维护/使用）和实物（生产、维护/使用）两大部分，将产品、现场设备、控制设备、工段、车间、企业连接在一起，所有组件相互依存，形成了一个完整的集成模型。RAMI 4.0 整体架构清晰明了，它结合国家现实情况将现有的国际规范本土化，并在整个生命周期内实现了数据的连贯，使得模型内原型与实物价值链相结合，得到了业界的广泛支持认可。

　　德国联邦政府支持相关行业协会建设"工业 4.0"平台，并负责"工业 4.0"国家战略的宣传推广、标准制定、人才培养和技术

第一章
立足平台，锚定高质量发展之路

研发等。"工业 4.0"平台发挥了德国传统制造业的优势，在深耕专业领域的基础上，借助工业互联网平台，面向不同行业提供定制化解决方案，实现价值从业务需求到设备资产的纵向延伸。

在这样的背景下，西门子推出了基于云的开放式物联网操作系统 MindSphere（见图 1-5）。依托西门子在电气化、自动化和数字化领域的优势，MindSphere 能够帮助不同行业、各种规模的企业快速高效地收集和分析工业现场的海量数据，从中获取价值和知识，进而实现新的业务模式。西门子以 MindSphere 平台为核心构建了一系列数字化工厂和无人工厂。

MindSphere 将自身定义为操作系统，用户可以由此更准确地把握平台的运作机理。MindSphere 向下提供了连接各类设备的统一接口，实现不同设备之间的互联互通；向上提供了良好的应用软件开发、运行环境。MindSphere 的优势在于能够实现全面的系统集成和数据融合，能够帮助用户打破"数据孤岛"。

与众多云平台相比，MindSphere 的开放性独树一帜。一方面，西门子推出即插即用的数据接入网关 MindConnect，支持开放式通信标准 OPC UA，极大地简化了西门子设备和海量第三方设备的数据连接，而数据采集端的应用程序编程接口（Connectivity API）则赋予了 MindSphere 极其广泛的向下（现场设备层）兼容性，使得数采端合作伙伴的能力得以充分发挥。另一方面，MindSphere 面向平台即服务（PaaS）层也开放了应用开发编程接口（AppDevelopment

API），除软件开发人员外，设备制造商和最终客户也都可以开发应用程序。

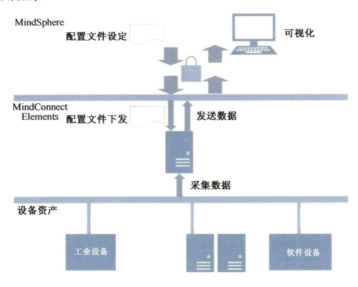

图 1-5 MindSphere 基于云的开放式物联网操作系统

3. 日本：不甘落后，打造智能制造解决方案

2017 年 3 月份，日本政府明确提出"互联工业"的概念，其三个核心内容是：构筑人与设备和系统的交互的新型数字社会；通过合作与协调解决工业新挑战；积极推动培养适应数字技术的高级人才。为了推进"互联工业"这一国家战略层面的产业愿景，日本经济产业省（METI）开展了一系列的工作。METI 提出"东京倡议"，

第一章
立足平台,锚定高质量发展之路

确立了之后的五个重点发展领域:无人驾驶-移动性服务、生产制造和机器人、生物与素材、工厂-基础设施安保和智能生活。

三菱电机作为日本制造行业产业升级的重要推动者,非常重视在生产现场发现并改进问题。三菱电机利用工厂自动化技术与物联网技术,推出了"e-Factory"智能制造解决方案,助力企业逐步发展成智能制造企业。e-Factory 方案以实现企业经营改善为目标,通过"人、机械、IT 之间的合作",灵活运用制造和生产现场,降低覆盖整个供应链、工程链的全面成本,提高企业经济效益。e-Factory 实质上就是通过"数字空间""机械"及"人"的协作,实现新一代的智能制造。

第一,企业可通过 e-Factory 对设备信息、生产信息进行采集与分析,实时管理各生产线的运转实况(生产量、生产速度),还可通过核对生产数据,迅速锁定次品原因,对设备运转情况和产品品质信息进行倾向管理和分析。第二,企业可通过 e-Factory 将装置、设备的情况反映到生产管理中,提高生产计划的精度,减少生产准备中耗费的时间和人力,并能够应付突如其来的特急订单等紧急情况,确保生产计划顺利执行。第三,e-Factory 还能根据所采集的设备信息和生产信息管理生产线的运转实况和异常记录,优化设备的使用效率、提高生产线运转率。此外,e-Factory 还可及时、准确地分析异常记录,在出现问题时迅速进行恢复,并及时开展预防保养工作。

e-Factory 解决方案，通过在生产线和 IT 层间建立中间层，可将生产现场的数据转化为上层 IT 系统能够理解的信息，并且与上层信息系统直接相连。通过生产现场的"可视化、可分析、可改善"和"可用化"，实现生产效率、质量、环保性、安全性的提高，从而削减企业包括研发、生产、维护等在内的总成本，提高企业的经济效益。

此外，法国、瑞士等其他发达国家也开展了对工业互联网平台的研究，开发了优秀的工业互联网平台，如施耐德电气 EcoStruxure 工业软件平台、ABB Ability 工业云平台，它们应用于电力自动化、交通、智能建筑、采矿业、石油化工及制造业等行业。

二、中国之路探寻：政策推动应用发展

1. 构建平台发展的政策环境

国家高度重视工业互联网发展及其安全保障，作出了一系列全局性、战略性、前瞻性部署。习近平新时代中国特色社会主义思想为工业互联网安全保障工作提供了战略指引。党的十九大报告提出，"坚持总体国家安全观""加快建设制造强国，加快发展先进制造业，推动互联网、大数据、人工智能和实体经济深度融合"。《指导意见》提出，要加快发展工业互联网，构建网络、平台、安

第一章
立足平台，锚定高质量发展之路

全三大功能体系，强化工业互联网安全保障，突出强调了工业互联网安全的基础性和战略性地位，为今后我国工业互联网的安全工作制定了时间表和路线图。

国家和地方政策引导效应快速显现，工业互联网平台建设和应用推广从中央顶层部署走向部省联动推进。 2018年，我国工业互联网相关政策密集出台，发展环境持续优化。工业和信息化部发布了《工业互联网发展行动计划（2018—2020年）》《工业互联网专项工作组2018年工作计划》《工业互联网平台建设及推广指南》《工业互联网平台评价方法》《工业互联网App培育工程方案（2018—2020年）》等一系列政策文件。**地方层面**，上海、天津、浙江、江苏、广东、山东、湖南等省市也纷纷出台了相应的落实方案，通过结合本地产业结构和发展现状，加快培育跨行业跨领域、特定区域和特定行业的各类工业互联网平台。2019年，伴随着工业互联网政策的落地实施，国家和地方的行业政策和财政支持有望加速工业互联网平台建设，对工业互联网发展的支撑引领作用进一步强化，政策的引导效应将进一步显现，中央部署、地方推进、企业响应的工业互联网全方位发展的良好格局将基本形成。

工业互联网创新发展工程示范带动作用明显，工业互联网平台从试验验证走向规模化应用推广。 2018年，工业和信息化部与财政部联合组织实施了工业互联网平台创新发展工程，依托工业转型升级资金，在平台方向支持建设43个工业互联网平台创新发展项目。

其中包括跨行业跨领域、特定行业、特定区域的工业互联网平台试验验证，面向特定场景的测试床试验验证，以及工业互联网平台公共服务体系建设，通过"以测带建、以测促用"的方式，加快工业互联网平台发展。项目总投资49.24亿元，中央财政资金总补助12.81亿元，通过中央财政资金带动社会资本共同推动工业互联网平台的培育。

2. 打造平台发展的产业生态

工业互联网平台产业发展涉及多个层次、不同领域的多类主体。在产业链上游，云计算、数据管理、数据分析、数据采集与集成、边缘计算五类专业技术型企业为平台构建提供技术支撑；在产业链中游，装备与自动化、工业制造、信息通信技术、工业软件四大领域内领先企业加快平台布局；在产业链下游，垂直领域用户和第三方开发者通过应用部署与创新不断为平台注入新的价值。

信息技术企业提供通用使能工具，为平台建设提供关键技术能力，以"被集成"的方式参与平台构建。主要包括以下五类。

（1）云计算企业，提供云计算基础资源能力及关键技术支持，典型企业如亚马逊、微软、Pivotal、Vmware、红帽等；

（2）数据管理企业，提供面向工业场景的对象存储、关系数据库、NoSQL数据库等数据管理和存储的工具，典型企业如Oracle、

第一章
立足平台，锚定高质量发展之路

Apache、Splunk 等；

（3）数据分析企业，提供数据挖掘方法与工具，典型企业如 SAS、IBM、Tableau、Pentaho、PFN 等；

（4）数据采集与集成企业，为设备连接、多源异构数据的集成提供技术支持，典型企业如 Kepware、NI、博世、IBM 等；

（5）边缘计算企业，提供边缘层的数据预处理与轻量级数据分析能力，典型企业如华为、思科、英特尔、博世等。

平台厂商通过整合资源实现平台构建，发挥产业主导作用。平台企业以集成创新为主要模式，以应用创新生态构建为主要目的，整合各类产业和技术要素实现平台构建，是产业体系的核心。目前，平台企业主要有以下四类。

（1）装备与自动化企业，从自身核心产品能力出发构建平台，如 GE、西门子、ABB 等；

（2）生产制造企业，将自身数字化转型经验以平台为载体对外提供服务，如三一重工/树根互联、海尔、航天科工等；

（3）工业软件企业，借助平台的数据汇聚与处理能力提升软件性能，拓展服务边界，如 PTC、SAP、Oracle、用友等；

（4）信息技术企业，发挥 IT 技术优势，将已有平台向制造领域延伸，如 IBM、微软、华为、思科等。

应用主体以平台为载体开展应用创新，实现平台价值提升，工业互联网平台通过功能开放和资源调用大幅降低工业应用创新门

槛，其应用主体分为两类：一是行业用户，其在平台使用过程中结合本领域工业知识、机理和经验开展应用创新，加快数字化转型步伐；二是第三方开发者，其能够依托平台快速创建应用服务，形成面向不同行业、不同场景的海量工业 App，提升平台面向更多工业领域提供服务的能力。

3. 正视平台发展的短板

当前，我国工业互联网平台建设取得了长足进展，但总体而言还处于初步构建的发展阶段。目前工业互联网平台发展面临的问题主要包括以下几个方面。

（1）平台技术支撑能力不足。 目前国内企业在数据采集和边缘计算能力、工业 PaaS 服务能力等关键技术环节仍较为薄弱，多数平台数据采集类型少、采集难度大、互联互通水平低，工业领域的行业机理、工艺流程、模型方法经验和知识积累不足，算法库、模型库、知识库等微服务提供能力不足。

（2）安全保障能力不足。 平台安全领域的技术、管理、标准、政策法规体系尚不健全，存在数据流转和行业准则不规范、工业信息安全和防护不完善、运营管理和第三方服务不到位等问题，围绕工业互联网平台关键产品和服务的试验测试、动态监测和安全审查等工作机制急需建立。

（3）服务供给能力仍存在欠缺。 目前国内许多平台企业数据分析能力有待提升，云化工业软件供给不足，面对特定工业场景的工业 App，推动工业技术、经验、知识和最佳实践的模型化、软件化与再封装尚处起步阶段，系统性解决方案能力不足，跨行业跨领域平台构建能力仍然较为薄弱。要建成国际领先的工业互联网基础设施，依然任重而道远。

第二章
平台安全：制造业转型升级的压舱石

工业互联网平台作为工业互联网的核心载体，是新工业革命的关键基础设施的核心组成部分，代表着国家新一代信息基础设施的重要发展方向，正日益成为工业体系的神经中枢。工业互联网平台一旦遭受攻击破坏，会直接造成工业生产停滞，影响范围不仅是单个企业，更可延伸至整个产业生态，直接决定着工业生产安全，甚至关乎经济发展、社会稳定乃至国家安全。可以说，安全保障是工业互联网平台发展的前提，是国家深入推进制造业转型升级的压舱石。

安全内涵：平台"主心骨"

一、"无危则安"——网络安全的概念和内涵

1. 网络安全"五性"

网络安全是指网络系统的硬件、软件及其系统中的数据受到保护，不因偶然的或恶意的原因而遭受破坏、更改、泄露，系统连续可靠正常地运行，网络服务不中断。

网络安全包括"五性"：机密性、完整性、可用性、可控性、可审查性，如图 2-1 所示。

（1）机密性：确保信息不暴露给未授权的实体或进程。

（2）完整性：只有得到允许的人才能修改数据，并且能够分辨出数据是否已经被篡改。

第二章
平台安全：制造业转型升级的压舱石

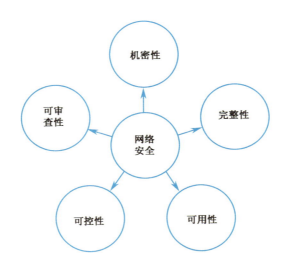

图 2-1　网络安全的"五性"

（3）可用性：得到授权的实体在需要时可访问数据，即攻击者不能战胜所有的资源而阻碍授权者的工作。

（4）可控性：可以控制授权范围内的信息流向及行为方式。

（5）可审查性：对出现的网络安全问题提供调查的依据和手段。

2. 典型案例

常见的网络安全案例包括以下几种类型。

（1）木马病毒。特洛伊木马是一种基于远程控制的黑客工具，它通常会伪装成程序包、压缩文件、图片、视频等形式，通过网页、邮件等渠道诱发用户下载安装，如果用户打开了此类木马程序，用户的

计算机或手机等电子设备便会被编写木马程序的不法分子所控制,从而造成信息文件被修改或窃取、电子账户资金被盗用等危害。

(2) 网络钓鱼。网络钓鱼是指不法分子通过大量发送声称来自银行或其他知名机构的欺骗性垃圾邮件或短信、即时通信信息等,引诱收信人给出敏感信息(如用户名、口令、账号 ID 或信用卡详细信息),然后利用这些信息假冒受害人进行欺诈性金融交易,从而获得经济利益。受害者经常遭受重大经济损失或个人信息被窃取并被用于犯罪的目的。

(3) 社交陷阱。社交陷阱是指有些不法分子利用社会工程学手段获取持卡人个人信息,并通过一些重要信息盗用持卡人账户资金的网络诈骗方式。例如,冒充信用卡中心打来的"以提升信用卡额度"为由的诈骗电话。

(4) 伪基站。伪基站一般由主机和笔记本电脑组成,不法分子通过伪基站能搜取设备周围一定范围内的手机卡信息,并通过伪装成运营商的基站,冒充任意的手机号码强行向用户手机发送诈骗、广告推销等短信息。

(5) 信息泄露。目前某些中小网站的安全防护能力较弱,容易遭到黑客攻击,不少注册用户的用户名和密码因此而泄露。如果用户的支付账户设置了相同的用户名和密码,则极易发生盗用。

二、"无损则全"——云计算安全的概念和内涵

1. 云计算安全是什么

云计算安全或云安全指一系列用于保护云计算数据、应用和相关结构的策略、技术和控制的集合,属于计算机安全、网络安全的子领域,或更广泛地说属于信息安全的子领域。

云安全有别于传统意义上的信息安全,主要表现在以下两个方面。

一方面,传统信息安全着眼于数据中心或机房,体现为信息化构建架构中不同层次的安全融合。数据中心所受到的安全威胁主要表现在网络和主机两个层次。在网络层,其经常会面临如非法接入和扫描嗅探攻击等安全威胁。常规手段会根据威胁产生的不同部位进行安全性修补,属于一般性被动防御。在主机层,其存在如应用级代码攻击服务器等安全风险,通常也会采取被动的杀毒软件部署及外围安全措施等。传统意义上的信息安全考虑更多的是封堵安全漏洞。

另一方面,由于云计算具备数据和服务外包、多租户、虚拟化等特点,其用户端本身通常不存放数据或进行数据计算,因此,云计算会面临特有的一些安全问题或安全威胁挑战。例如,云计算服务模式导致的安全问题,具体包括用户失去对物理资源的直接控

制，云服务提供商的信任问题等；虚拟化环境下的技术及管理问题，具体包括资源共享、虚拟化安全漏洞等；云计算服务模式引发的安全问题，具体包括多租户的安全隔离、服务专业化引发的多层转包而引起的安全问题等。

虚拟化安全、数据和服务外包、多租户资源安全共享和隔离是云计算安全有别于传统信息安全的核心所在。

2. 云计算的安全困扰

1）云计算面临的传统安全威胁

云计算面临的安全威胁可以分为传统安全威胁和新安全威胁两大类。传统安全威胁主要包括 DDoS 攻击、僵木蠕（僵尸网络、木马、蠕虫）威胁、业务系统威胁、主机威胁、恶意代码病毒等。

DDoS 攻击：一种拒绝服务攻击行为。随着云平台承载的业务越来越重要，针对云平台业务系统的拒绝服务攻击，以及由云平台内部外发的拒绝服务攻击不断增加，成为整个云平台的安全隐患。

僵木蠕威胁：在云平台内，如果租户隔离、区域隔离措施不当，僵木蠕威胁将会更快、更迅速地传播，给云平台带来极大安全隐患。

业务系统威胁：云上业务系统同样面临着结构化查询语言（SQL）注入、跨站脚本攻击（XSS）、跨站脚本伪造（CSRF）等传统的 Web 应用攻击威胁。

第二章
平台安全：制造业转型升级的压舱石

主机威胁：云平台上，各类操作系统、网络交换设备、数据库及中间件等都面临着安全漏洞风险，传统的漏洞利用方式和攻击手段对它们依然有效。

恶意代码和病毒：恶意代码和病毒仍然会对云内的业务系统、操作系统、云管理平台、中间软件层等造成安全威胁。

在云环境下，上述传统安全问题可能会造成比在传统环境下更严重的后果。

2）云计算面临的新兴安全威胁

云安全的最大挑战，一是来自其自身，也就是云上安全的挑战；二是云计算的动态化、软件化、虚拟化等特点带来的新兴安全威胁。

（1）云计算带来的边界变化对云安全防护提出新的要求。云计算技术让网络的传统边界发生了变化，软件定义网络、虚拟私有云、弹性扩展、动态迁移等技术打破了传统的网络架构，基于传统网络并划分安全域、在网络出口堆叠防火墙等防御设备的时代已经一去不复返了。公有云、混合云的出现，彻底将企业的安全边界扩展至企业内网之外。为了应对这种新的变化，我们首先要做的事情就是重构弹性安全，重建云上的安全边界。

（2）被披露的虚拟化漏洞逐年上升，对云安全造成巨大威胁。虚拟化漏洞在目前主流虚拟化系统中广泛存在，黑客利用虚拟化漏洞不但可以偷取重要信息，还能以一台虚拟机的普通用户发起攻击

控制宿主机,最终控制整个云环境的所有用户。

(3)数据与资产的集中使云平台所遭受的攻击面更大。云让数据资产更集中,形成了一个个数据金矿,同时,也必然更容易吸引黑客的攻击。

(4)云计算带来管理上的变化。云计算将过去分散、孤立的 IT 系统进行了集中,这势必带来运维和管理的集中,原来的角色和责任分工也受到冲击。例如,租户、云平台运营方、安全防护方、云平台拥有方的责任分工目前还不清晰,租户系统发生安全问题经常找不到责任方。

(5)云计算带来的复杂度也给云安全造成困扰。在云环境中,变化是常态,静态的部署和策略配置基本无效,安全也要能够随着云的变化而动态调整。此外,复杂的 IT 融合环境、SDN 技术带来的控制和数据平面分开、弹性调度与动态迁移等,都使安全的配置与管理变得更加复杂。

三、"危机四伏"——工业互联网安全

1. 对工业互联网安全的认识

工业互联网是以数字化、网络化、智能化为主要特征,通过系统构建网络、平台、安全三大功能体系,打造人、机、物全面互联

的新型网络基础设施。工业互联网引领数字世界与机器世界的深度融合，是统筹推进制造强国和网络强国的重要结合点。安全是工业互联网的三大核心内容之一，工业互联网安全是工业互联网发展的前提，是国家深入推进"互联网+先进制造业"的重要保障。工业互联网安全主要包括设备安全、控制安全、平台安全、数据安全和网络安全等几个方面的内容。

其中，设备安全主要指接入工业互联网的终端设备的安全；控制安全主要指接入工业互联网的可编程逻辑控制器（PLC）、数据采集及监控系统（SCADA）、分布式控制系统（DCS）等工业控制系统的安全；平台安全主要指工业互联网平台的安全，包括基础设施即服务（IaaS）、平台即服务（PaaS）、软件即服务（SaaS）等的安全；数据安全主要指依托工业互联网开展业务活动过程中产生、采集、处理、存储、传输和使用的数据的安全；网络安全主要指在工业互联网环境下，工业企业管理网、控制网和外网的安全。

2. 工业互联网安全特征

工业互联网是智能化发展的新兴业态和应用模式，其安全具备以下特征。

1）风险来源多

海量工业设备、系统、软件接入工业互联网，且普遍存在安全漏洞，在线运行后补丁修复比较困难。与此同时，工业互联网使用的工业控制系统协议多达千余种，大多缺少安全机制，不适应工业互联网环境下的泛在互联。此外，工业互联网用户角色多、相互间关联紧密，跨领域、跨系统的信息交互、协同操作频繁，也带来新的安全风险。

2）隐患发现难

一方面，工业互联网设备、网络、平台底数不清，国产化率低，难以全面掌握安全风险。另一方面，工业互联网贯穿企业控制网、管理网、公共互联网，网络架构复杂，难以精准定位风险点。此外，工业行业特征明显、专业性强、业务流程复杂、设备系统差异性大，隐患发现需要大量的行业知识积累。

3）传统防护手段不适应

一方面，工业互联网承载业务的连续性、实时性要求高，有限的通信和计算资源难以满足现有的安全防护措施需求。另一方面，工业数据流动方向和路径复杂，数据种类和保护需求多样，数据防护难度加大。此外，业务、网络边界模糊，鉴权认证、安全隔离等防护措施难以实施。

4）安全后果严重

工业互联网连接大量重点工业行业生产设备和系统，一旦遭受攻击，可造成物理设备损坏、生产停滞、经济损失，甚至可能引起人员伤亡。此外，工业互联网数据涉及工业生产、设计、工艺、经营管理等敏感信息，如果保护不当将损害企业的核心利益，影响行业发展，重要数据出境还将导致国家利益受损。

3. 工业互联网安全与传统工业领域信息安全的关系

随着制造强国、网络强国等系列战略部署的推进实施，信息化与工业化深度融合进一步向纵深发展，伴随而来的安全问题也日益严峻，对工业领域的信息安全保障提出了更高的要求，工业信息安全工作的范畴和深度都在不断拓展。在传统工业时期，生产环境相对封闭，工业信息安全的重点是工业控制系统的信息安全。随着工业生产制造与云计算、大数据、物联网、人工智能等新一代信息技术的深度融合，工业实体逐步趋向泛在互联，工业互联网安全与工控安全的交集进一步增大，工业互联网安全逐渐成为当前工业信息安全工作的重点和核心。如图 2-2 所示。

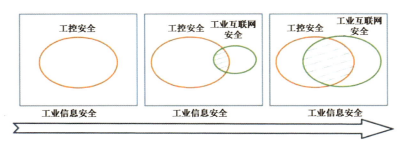

图 2-2　工业互联网安全、工业信息安全和工控安全的关系及其发展演进

1) 与工业信息安全的关系

工业信息安全泛指工业运行过程中的信息安全,具体指为了维护工业企业的设备设施、控制系统、信息系统安全,保障其连续可靠正常运行,数据不因偶然的或恶意的原因遭受破坏、更改、泄露,以及工业生产所需的公用通信网和互联网服务不中断所涉及的一系列活动与行为。工业信息安全涉及工业领域各个环节,包括工业控制系统信息安全(简称工控安全)、工业互联网安全、工业大数据安全、工业云安全等内容。

工业信息安全的内涵和外延随着信息化与工业化融合深入不断演进及扩展。工业互联网安全就是在信息化和工业化深度融合阶段,面向工业4.0时代,推进"互联网+先进制造业"引发的新安全要求,是工业信息安全的新内容。它包含和继承了过去时期工业领域的工控安全、企业信息安全等的一些内容,同时,为适应大量企业上云及海量在线工业App应用,针对网络实时连接、大数据收集、云端智能化等工业互联网发展特征的需要,叠加和迭代产生了许多新的安全内容。

2) 与工业控制系统信息安全的关系

工业控制系统应用于工业生产业务各个环节的终端,是对工业生产过程安全、信息安全和可靠运行产生作用与影响的人员、硬件及软件的集合。近年来针对工业控制系统的攻击事件大幅度增加,

第二章
平台安全：制造业转型升级的压舱石

可能直接引发控制系统故障、生产中断，甚至造成恶性安全事故，危及人员安全、环境安全、经济安全等。工业控制系统信息安全是我国布局工业信息安全率先关注的重点。2011年，工业和信息化部发布《关于加强工业控制系统信息安全管理的通知》，为近年来工控安全工作开展指明了方向。自2013年以来，工业和信息化部坚持每年开展年度工控安全检查工作，持续推进工控安全宣传和防护体系建设。2016年10月，工业和信息化部又印发了《工业控制系统信息安全防护指南》（以下简称《指南》），针对工控系统规划设计、建设使用、运行维护等全生命周期，从管理和技术两个维度，研究并总结提出了十一个方面的工控安全防护工作要求。其中，针对越来越多的工业控制系统联网的现象，《指南》明确指出，企业应采取措施对工业控制网络与企业网和互联网之间的边界进行安全防护，禁止没有防护的工业控制网络与互联网连接。

随着国家"互联网+先进制造业"战略的实施，以及工业互联网的快速发展和推广应用，工控系统接入工业互联网成为必然趋势，可以预见，未来将会有越来越多的工控系统和设备作为终端接入工业互联网。一方面，工业控制系统利用工业互联网平台提供的软件和数据资源开展先进制造，并通过平台向外提供生产能力服务。另一方面，工业控制系统之间依托工业互联网实现广泛互联和协同，突破时间、地域、空间等限制，实现业务流程优化和生产模式创新，促进生产资源在更大范围和更多领域实现高效配置。应该

说,数以万计的工控系统构成工业互联网的终端体系,它们既是工业互联网平台和网络的使用者,又是工业互联网资源和服务的提供者。因此,工控安全关系工业互联网总体运行稳定和服务质量。从内容上看,工控安全和工业互联网安全有重叠部分,接入工业互联网的工控系统和设备的安全同时属于工业互联网安全和工控安全范畴,但除此之外,工业互联网安全还包括平台安全、网络安全、数据安全等内容,未接入工业互联网的工控系统和设备的安全则仅属于工控安全范畴。

四、"内忧外患"——工业互联网平台安全

作为工业互联网实施落地与生态构建的关键载体,工业互联网平台面向制造业数字化、网络化、智能化需求,构建基于海量数据采集、汇聚、分析和服务体系,支撑制造资源泛在连接、弹性供给、高效配置,是一个基于云计算的开放式、可扩展的工业操作系统。工业互联网平台是工业云的叠加和迭代,由 IaaS、PaaS、SaaS 组成。底层是信息技术企业主导建设的云基础设施 IaaS 层,提供基础计算能力;中间层是工业企业自主或依托第三方平台企业建设的工业 PaaS 平台层,其核心是将工业技术、知识、经验、模型等工业原理封装成微服务功能模块,供工业 App 开发者调用;最上层是由互联网企业、工业企业、众多开发者等多方主体参与开发的工业 App 层

第二章
平台安全：制造业转型升级的压舱石

（SaaS 层），其核心是面向特定行业、特定场景开发在线应用服务，并实现接入平台资源的协同和共享。

从工业互联网平台组成的体系架构来看，工业互联网平台安全主要包括边缘层安全、IaaS 层安全、PaaS 层安全、SaaS 层安全四个方面。

（1）边缘层安全。智能传感器、边缘网关等接入设备计算资源有限、安全水平低下、防护能力薄弱，极易成为攻击者对平台实施入侵或发起大规模网络攻击的"跳板"。在数据采集、转换、传输的过程中，边缘层数据被侦听、拦截、篡改、丢失的安全风险高，如图 2-3 所示。

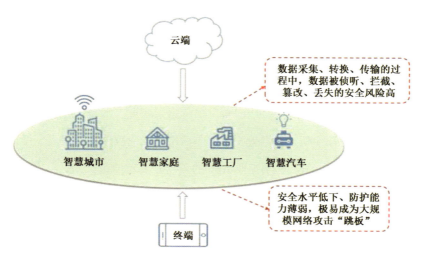

图 2-3　边缘层安全图

（2）IaaS 层安全。工业 IaaS 是虚拟化、资源池化的信息基础设施，面临着虚拟机逃逸、跨虚拟机侧信道攻击、镜像篡改等新型攻击威胁。另外，多数平台企业使用第三方云基础设施服务商提供的 IaaS 服务，存在数据安全责任边界不清晰等安全问题，如图 2-4 所示。

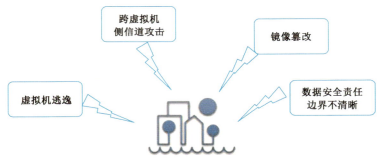

图 2-4　IaaS 层安全图

（3）PaaS 层安全。通用 PaaS 平台感染病毒、木马，可造成平台瘫痪、服务中断、数据丢失等严重后果。工业应用开发工具、微服务组件存在漏洞，影响工业 App 的正常开发和使用。工业大数据分析平台汇聚海量工业企业的工艺参数、产能数据等高价值数据，被黑客入侵可能导致敏感信息泄露，威胁平台数据安全，如图 2-5 所示。

第二章
平台安全：制造业转型升级的压舱石

图 2-5　PaaS 层安全图

（4）SaaS 层安全。工业 App 涉及特定工业场景，功能相对复杂，但由于缺乏安全设计规范，可能存在安全漏洞和缺陷，工业 App 漏洞、API 通信安全问题、用户管控问题、开发者恶意代码植入等应用安全风险更为突出，如图 2-6 所示。

图 2-6　SaaS 层安全图

工业互联网平台上整合"平台提供商+应用开发者+海量用户"生态资源，实现大规模制造资源的实时连接和控制，同时也是工业大数据的汇集地，因此工业互联网平台安全是工业互联网安全的重点。目前，工业互联网平台安全问题主要包括：①海量设备和系统的接入加大平台安全防护难度；②云及虚拟化平台自身的安全脆弱

性日益凸显；③API 接口开放加大了工业互联网平台面临的安全风险；④云环境下安全风险跨域传播的级联效应越来越明显；⑤云服务模式导致安全主体责任不清晰；⑥集团或工业企业内部的生产业务平台安全设计不足。

第二章
平台安全：制造业转型升级的压舱石

安全特性：对比的视角

工业互联网平台建设和发展方兴未艾，平台安全更是一个全新的安全领域，具备高度的前沿性和复杂性，面临着前所未有的严峻形势和风险挑战。一方面，工业互联网平台连通工业网络与互联网，相较于云安全，接入对象种类更多，数据安全责任主体复杂，微服务组件和应用服务安全隐患突出，在设备、网络、应用、数据等方面均面临更加多元、复杂的安全威胁，需要引入新的安全管理和技术模式。另一方面，针对平台的攻击手段逐渐升级，延伸蔓延至相对脆弱的工业网络，时刻挑战传统网络安全防护技术。当前，主要在用的安全防护技术已渐渐与平台的快速发展趋势不相适应，平台安全防护存在较大挑战。

与此同时，平台安全与工业互联网安全、云安全等既存在密切联系，又有其自身独特性。

一、平台安全与工业互联网安全

网络、平台、安全是工业互联网的"三大支柱",其中,网络是基础,平台是核心,安全是保障。从这个意义上说,工业互联网平台安全可以被认为是"核心"的"保障"。由此看出,工业互联网平台安全是工业互联网安全的"主心骨"。

从内涵来看,工业互联网安全范畴要大于平台安全,如图 2-7 和图 2-8 所示。工业互联网是新一代信息技术与制造业深度融合所形成的新兴业态和应用模式。工业互联网平台被誉为工业互联网的"操作系统",是制造业新生态竞争的核心。工业互联网安全是工业互联网健康发展的重要前提和保障,其内涵覆盖设备安全、控制安全、网络安全、平台安全和数据安全等多个领域。工业互联网平台安全是工业互联网安全保障体系的重要组成部分,平台安全则主要包括工业 IaaS、PaaS、SaaS 的安全及边缘层安全。

图 2-7　平台安全和工业互联网安全关系图

第二章
平台安全：制造业转型升级的压舱石

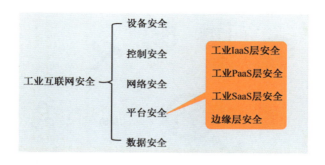

图 2-8　工业互联网安全体系构成和工业互联网平台安全体系构成对比图

从面临的安全挑战来看，两者面临的威胁挑战同样多元、复杂。一方面，工业领域信息基础设施成为黑客重点关注和攻击的目标，防护压力空前增大。另一方面，相较传统网络安全，工业互联网安全呈现新的特点，进一步增加了安全防护难度，如图 2-9 所示。一是互联互通导致攻击路径增多。工业互联网实现了全系统、全产业链和全生命周期的互联互通，使传统互联网安全威胁延伸至工业生产领域，且攻击者从研发端、管理端、消费端、生产端都有可能实现对工业互联网的攻击。二是开放化、标准化导致易攻难守。工业互联网系统与设备供应商越来越多地使用公开协议及标准化的 Windows 或 UNIX 技术架构，这些协议与技术架构的安全漏洞使攻击者的攻击门槛大为降低。三是安全产品和技术匮乏，产业支撑能力不足。在工业互联网架构中，通信和计算资源往往有限，很多传统安全防护设备由于占用资源较大，可能不再适用。

图 2-9 工业互联网安全面临威胁概况

二、平台安全与云计算安全

工业互联网平台是工业云平台的延伸发展，其本质是在传统云平台的基础上叠加物联网、大数据、人工智能等新兴技术，构建更精准的、实时高效的数据采集体系，建设包括存储、集成、访问分析和管理功能的使能平台，实现工业技术、经验知识模型化、软件复用化，以工业 App 的形式为制造企业提供各类创新应用，最终形成资源富集、多方参与、合作共赢、协同演进的制造业生态。

与传统云平台相比，工业互联网平台涉及多个行业领域和多种类型企业，连接业务复杂度高，覆盖设备差异性大，安全边界难界定，安全风险威胁大。工业互联网平台除了面临云安全威胁，还面

第二章
平台安全：制造业转型升级的压舱石

临着工业互联网安全威胁，因此，相较于传统云平台，工业互联网平台面临的安全威胁来源更加多元、安全挑战更加严峻。

（1）工业互联网平台由于连接了大量工业企业和工业设备，导致其暴露在外的攻击面越来越大。信息技术与操作技术（IT/OT）一体化后端点增加，给工业控制系统、数据采集与监控系统等工业设施带来了更大的攻击面。与传统 IT 系统相比较，IT/OT 一体化的安全问题往往把安全威胁从虚拟世界带到物理世界，可能会对人的生命安全和社会的安全稳定造成重大影响。

（2）针对工业互联网平台的 DDoS 攻击随时可能中断生产。该攻击是一种危害极大的安全隐患，它可以人为操纵也可以由病毒自动执行，通过消耗系统的资源，如网络带宽、连接数、CPU 处理能力、缓冲内存等，使正常的服务功能无法进行。DDoS 攻击非常难以防范，原因是它的攻击对象非常普遍，从服务器到各种网络设备，如路由器、防火墙等，都可以被 DDoS 攻击。控制网络一旦遭受严重的 DDoS 攻击就会导致严重后果，轻则控制系统的通信完全中断，重则可导致控制器死机等。目前的工业总线设备终端对 DDoS 攻击基本没有防范能力。另外，传统的安全技术对这样的攻击也缺乏有效的手段，往往只能任其造成严重后果。

（3）接入工业互联网平台的很多工控系统和设备缺乏安全设计，极大增加了平台面临的安全风险。各类机床数控系统、PLC、运动控制器等所使用的控制协议、控制平台、控制软件等，在设计

之初基本未考虑完整性、身份校验等安全需求，存在输入验证、许可、授权与访问控制不严格，不当身份验证，配置维护不足，凭证管理不严，加密算法过时等安全挑战。例如，生产系统中广泛使用的 PLC 产品未设计身份校验机制，控制器对命令发送方不进行身份鉴别，因此可以被攻击者欺骗和攻击。

安全重要性:"定海神针"

"无危则安,无损则全"。安全,是人类的本能欲望,是生命中最基础、最本质的追求。它是人们在生活和生产过程中,对生命得到保障、身体免于伤害、财产免于损失的美好希望与诉求。蝼蚁尚且惜命,生命本能求安全。对于个人来说,安全意味着生命;对于家庭来说,安全意味着和睦;对于企业来说,安全则意味着发展。安全是企业的管理重点,是企业发展的根本保障。对于工业互联网平台来说,安全是命门,安全是效益,安全是要害。

一、安全是平台稳定运行的命门

工业互联网平台安全是整个工业互联网安全的关键,关系着海量的生产设备和控制系统安全、大规模汇聚的工业数据资源安全,以及高价值多样化的工业 App 安全。工业互联网平台打破了原有工

业生产领域系统和设备相对封闭及强调功能性的格局，系统和设备的安全隐患大量暴露，一旦被利用发起攻击，可导致平台运行环境破坏、生产流程中断甚至关键工业设施损毁，严重威胁工业生产的稳定运行和公共服务的持续供给，甚至威胁财产、人身安全。没有安全保障，平台正常运行都难以维持，更遑论价值实现。

二、安全是平台价值实现的中枢

工业互联网平台蓬勃发展，数量激增。不同平台的业务规模、技术水平和服务能力良莠不齐，相互之间竞争激烈，提升功能性、体验性和安全性成为平台企业打造自身优势、扩大市场规模的关键抓手，其中安全能力建设是重中之重。由于工业互联网平台连接了虚拟世界和物理世界，实现人、机、料、法、环的统筹调配，可影响企业生产安全，因此，用户企业在选择平台时，将安全性作为首要考虑的因素。同时，平台一旦发生安全事故，轻则可造成平台企业形象和口碑受影响，重则可导致用户资源丧失、利益大幅度受损。

三、安全是平台生态培育的要害

工业互联网平台业态发展已成为新的蓝海，平台企业、IT 企业、工业企业、解决方案提供商、安全厂商等纷纷介入，初步构建"云基础设施+终端连接+数据分析+应用服务+安全保障"的产业生态格局，其中安全保障对打造开放价值生态和保持产业健康增长起着重要作用。一方面，安全是发展的前提。平台的工业知识沉淀、数据赋能、资源整合等特性要求上下游产业链紧密协同，安全是各参与方开展战略合作，打造开放、协同、高效、共赢的工业互联网平台生态的基础。另一方面，我国平台在"工业 Know-how"、数据技术、平台架构、共性服务等方面已取得较大进展，但是在安全防护方面存在明显短板，平台专用安全防护设备缺乏，整体安全解决方案尚未成熟，急需解决安全瓶颈，确保平台生态良性发展。

第三章
安全形势：山雨欲来风满楼

从 2015 年 12 月乌克兰电网系统遭"Black Energy"恶意软件攻击致瘫痪、2016 年 1 月以色列电力局遭受大规模网络攻击导致政府中断电力系统运行,到 2019 年 3 月委内瑞拉水电厂遭网络攻击致使全国大规模停电数日,层出不穷的工业信息安全事件一再向我们敲响警钟,全球工业信息安全形势不容乐观。随着工业互联网的应用发展,传统互联网、工业控制系统的漏洞风险蔓延至工业互联网,而工业互联网平台的海量设备接入、工业数据汇集等特性,使其面临的安全形势更加严峻、技术风险更加复杂、破坏后果更加严重、管理挑战更加艰巨。

安全环境：兵临城下

工业互联网平台连接了工业网络与互联网，在促使工业生产系统走向广泛互联、高度集成和智能融合的同时，暴露在外的攻击面相较纯粹的互联网和工业网络更大，由此面临的外部威胁也更加多元。当前，工业信息安全事件频繁发生，高危漏洞层出不穷，网络威胁加速渗透，工业数据泄露风险高，工业互联网平台面临更为复杂多变的整体安全环境。

一、工业信息安全事件多发，影响后果严重

近年来，全球工业信息安全事件频发，导致的后果也日益严重。2015 年 12 月 23 日，乌克兰电网系统遭黑客攻击（见图 3-1），攻击者使用附带恶意代码的邮件附件渗透了某电网工作站系统，向电网网络植入"Black Energy"恶意软件，获得了对发电系统的远程

接入和控制能力，引发持续 3 小时的大面积停电事故，140 万户家庭供电被迫中断，这是有史以来首次导致停电的网络攻击，引起乌克兰国内外高度关注。

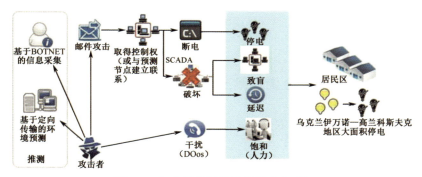

图 3-1　乌克兰电网系统遭受攻击过程

2016 年 1 月 25 日，以色列电力系统遭大规模网络攻击，迫使以色列官员中止电力系统，大量正常运行的计算机受到影响。

2017 年 8 月，沙特阿拉伯一家炼油厂遭恶意软件入侵，攻击者对 Triconex 安全控制器进行攻击，通过该控制器中的一个合法文件进行远程配置，实施网络攻击，意图引发爆炸，从而摧毁整个工厂。

2018 年 8 月 3 日，全球最大的代工芯片制造商台湾积体电路制造（简称"台积电"）遭"WannaCry"勒索病毒变种的入侵，使得台积电在中国台湾北、中、南三处重要生产基地的核心工厂全部沦陷，生产线全部停摆，预计损失高达 17.4 亿元人民币。

2019 年 3 月 7 日，委内瑞拉南部玻利瓦尔州的一座主要水电站遭网络攻击，导致全国范围内大规模断电数日，影响波及全国近

80%的行政区域,交通、通信、医疗等关键基础设施和居民用电全部崩溃,国家政治、经济和民众日常生活各领域均遭重创,引发局部社会动荡。工业互联网平台尚处于发展时期,传统工控网络、IT网络、物联网(IoT)设备攻击事件频发,也向工业互联网平台安全敲响了警钟。

二、工业信息安全漏洞频出,风险隐患巨大

据国家工业信息安全发展研究中心跟踪统计,全球工业控制系统漏洞自 2010 年开始呈上升趋势,并在 2015 年后一直维持在较高水平。2018 年,国家工业信息安全发展研究中心收集研判工控安全漏洞 432 个,主要分布于关键制造、能源、水务、医疗、食品农业和化学化工等领域(见图 3-2)。其中,高危漏洞 276 个,占比为 64%;中危漏洞 151 个,占比为 35%;中高危漏洞占比高达 99%(见图 3-3)。常用产品如金雅拓 Safenet 软件许可服务产品、罗克韦尔控制器及工业软件、霍尼韦尔工业设备、摩莎串口服务器等频繁曝出高危漏洞,制造、能源、交通运输、水务等重点行业领域大量在用的工业控制系统面临严重威胁。工业信息安全漏洞层出不穷,高危漏洞呈现增长趋势,一旦这些存在漏洞的系统、设备接入工业互联网平台应用,将给平台带来巨大的安全隐患,极大地增加平台受攻击的风险。

第三章
安全形势：山雨欲来风满楼

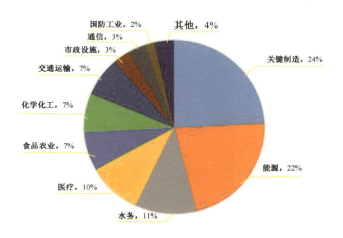

图 3-2　2018 年工业信息安全漏洞所在行业领域分布

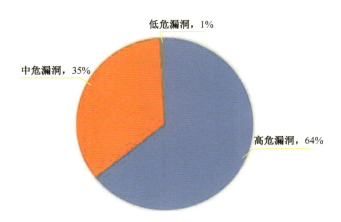

图 3-3　2018 年高、中、低危工业信息安全漏洞占比

三、海量设备接入平台应用，防护难度升级

随着工业互联网的应用发展，海量工业设备、系统接入平台应用，如图 3-4 所示。面向工业现场的、生产过程优化的工业互联网平台需要与用户各工业现场生产控制系统实现互联对接，面向企业运营管理决策优化的工业互联网平台需要与用户生产控制、生产管理、企业管理等系统互联，面向社会化生产资源优化配置与协同的

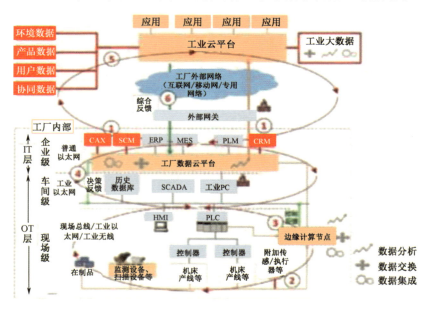

图 3-4　工业互联网平台设备接入示意图

第三章
安全形势：山雨欲来风满楼

工业互联网平台需要与用户供应链、生产设计、制造、服务等系统互联，而面向产品全生命周期的管理与服务优化的工业互联网平台则需要与生产设计、生产控制、生产运行监控、生产辅助、产品服务等系统全面互联。这种多个设备、多个系统接入的模式，使攻击者可能以一个接入的设备、系统或平台为跳板，向其他接入设备、系统或平台发起攻击，防护难度巨大。

四、工业数据成为攻击目标，威胁与日俱增

在工业互联网时代，随着工业企业数字化程度的不断提高，其产生的数据呈现爆发式增长。工业互联网平台通过大范围、深层次的数据采集，利用边缘计算设备实现底层数据的汇聚处理，并实现数据向云端平台的集成。这些工业数据涵盖现场设备运行、工艺参数、质量检测、物料配送、进度管理等生产现场数据、企业管理数据及供应链数据等，是企业、行业乃至国家的重要资产，由此也成为黑客攻击窃密的目标之一。

2018年7月，克莱斯勒、福特、特斯拉等全球百余家车企（见图3-5）超过47 000个机密文件外泄，泄露的数据包括产品设计原理图、装配线原理图、工厂平面图、采购合同等敏感信息（见图3-6）。起因是这些车企共同的服务器提供商Level One公司在进行数据备份时，未限制备份服务器使用者的IP地址，且未设置用

户访问权限。鉴于工业互联网平台汇聚的工业数据,特别是达到海量级工业数据的重要价值,其面临的数据失窃、篡改等诸多安全威胁不容小视。

图 3-5 受数据泄露事件影响的部分车企

第三章
安全形势：山雨欲来风满楼

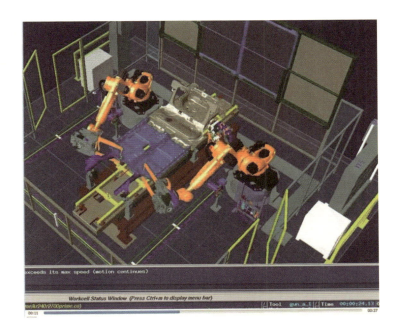

图 3-6 被泄露的机器人配置、规格、演示动画资料

技术风险：全面渗透

与传统云平台相比，工业互联网平台涉及多个行业领域和多种类型的企业，具备体系化的层次结构，且连接业务复杂度高，覆盖设备差异性大，安全边界难界定，安全风险容易跨域渗透。对于平台面临的技术风险，可以从边缘层、工业 IaaS 层、工业 PaaS 层、工业 App 四个方面加以分析。

一、边缘层风险："城门"开放之虞

工业互联网建设进程不断推进，工业互联网平台的部分计算能力也下放到网络边缘。工业互联网边缘层设备通常部署在无线基站等网络边缘，且多采用公开的标准协议进行通信，使得工业互联网边缘层设备更容易暴露给外部攻击者，工业互联网平台的"城门大开"，势必伴随重重安全隐忧。由于智能传感器、边缘网关等边缘

第三章
安全形势：山雨欲来风满楼

终端设备计算资源有限，安全防护能力薄弱，工业互联网平台在进行数据采集、转换、传输的过程中，数据被侦听、拦截、篡改、丢失的安全风险更高，攻击者可利用边缘终端设备漏洞对平台实施入侵或发起大规模网络攻击。

1. 非可信的网络传输链路

工业互联网部分边缘层设备的网络服务由网络运营商或者第三方服务商提供。如果工业互联网边缘层设备的网络服务是由运营商提供专用通信频段的，可以认为边缘层设备与工业互联网平台的通信网络服务是可信的。但如果工业互联网边缘层设备的网络服务由第三方提供或采用公开频段通信，在接入网络的时候如果没有与网络之间进行认证与授权，则面临恶意第三方接入网络、提供非法服务的风险。

2. 通信数据遭窃取或篡改的风险

工业互联网边缘侧设备通常只处理和存储一定地理范围内用户的数据，但是如果缺乏相关的数据保护机制，外部攻击者可能会入侵数据中心并获取工业互联网边缘侧设备的敏感数据。工业互联网部分边缘侧设备采用公开的标准协议进行通信，端侧设备与工业互联网平台之间的通信数据传输生产加工的相关信息，如果攻击者

通过权限升级或者恶意软件入侵攻击工业互联网边缘侧设备，并获得了系统的控制权限，则攻击者可能会终止或者篡改端侧设备主机提供的业务，并可以发起选择性的 DDoS 攻击或窃取用户敏感信息。此外，攻击者还可能在边缘设备服务区域部署伪基站、伪网关等设备，造成用户流量被非法监听或篡改。

3. 设备遭恶意物理破坏的风险

如果工业互联网平台边缘层设备部署在不可信的物理环境中，部分区域的设备可能会受到攻击者的物理破坏。由于工业互联网平台边缘侧设备通常部署在室外甚至是野外，易发生人为的物理破坏。工业互联网平台边缘侧设备一旦被攻击者控制，一方面会造成用户隐私数据泄露的风险；另一方面用户设备可能被恶意控制，向周边其他边缘用户发送虚假信息。例如，曾经发生过黑客通过赌场大厅鱼缸中联网的温度计入侵赌场信息系统窃取赌场数据的安全事件。

4. 空口传输安全的风险

工业互联网边缘层设备若通过无线通信部署在无线基站侧，用户与基站之间的空口通信容易遭受 DDoS、无线干扰、恶意监听等攻击。常见的空口传输过程如图 3-7 所示。

第三章
安全形势：山雨欲来风满楼

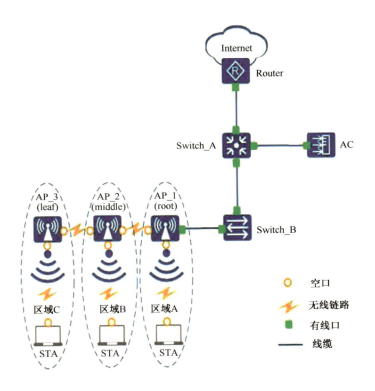

图 3-7　空口传输过程

5. 遭中间人攻击的风险

外部攻击者可以通过入侵和控制部分边缘设备，发起非法监听或者流量篡改等中间人攻击行为，如图 3-8 所示。例如，当网络之间的网关被入侵时，所有通过该网关的流量都将暴露给攻击者。

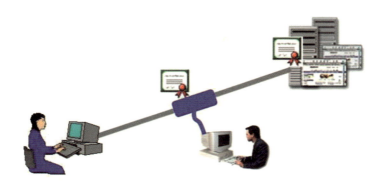

图 3-8　中间人攻击

二、工业 IaaS 层风险:"空中楼阁"之忧

工业 IaaS(基础设施即服务)是虚拟化、资源池化的信息基础设施,构成了工业互联网平台的基础,如果基础不牢,工业互联网平台势必成为"空中楼阁",面临摇摇欲坠的风险。具体而言,工业 IaaS 面临虚拟机逃逸、跨虚拟机侧信道攻击、镜像篡改等新型攻击方式的威胁。另外,多数平台企业使用第三方云基础设施服务商提供的 IaaS 服务,存在数据安全责任边界不清晰等安全问题。

1. 接口与会话控制风险

API 由云服务提供商提供,允许用户与提供商的服务及其管理实现无缝集成。虽然有些云服务提供商已经提供了安全 API 和补丁,但是在应用和试用过程中，API 或应用程序的更新很容易导致兼容性问题。例如，当外部访问 API 时，不能验证调用者的身份信息或验证机制被旁路，造成 API 访问控制机制失效，甚至也可能引发数据泄露。因此，应定期对 API 的安全性进行测试和评估。同时，在通信会话过程中，不安全的会话机制会造成被攻击者劫持或控制的情况发生，从而导致通信数据泄露或拒绝服务等安全风险。

2. 虚拟化应用安全风险

虚拟化应用安全风险主要包括虚拟机、虚拟化软件及硬件资源存在的安全风险。

1）虚拟机存在的安全风险

（1）虚拟机隔离失效风险。例如，一台虚拟机可能监控另一台虚拟机，甚至会接入宿主机，从而带来数据泄露、拒绝服务等安全问题。

（2）虚拟机逃逸风险。虚拟机逃逸问题一直是虚拟化安全中最引人关注的问题之一。例如，攻击者获得 hypervisor 的访问权限，可对其他虚拟机进行攻击和入侵。如果攻击者接入的宿主机中有多个虚拟机运行，攻击者可直接关闭 hypervisor，导致所有虚拟机关闭，从而造成运行中断、拒绝服务的问题。

（3）虚拟机迁移失效风险。当虚拟机进行动态迁移或通过文件复制等方式静态迁移时，如果迁移前后所在宿主平台的安全措施不一致，容易导致虚拟机在不安全的环境中运行，增加安全风险。

（4）虚拟机镜像文件风险。虚拟机镜像文件在没有合法授权的情况下，容易被非法访问和篡改，可能造成数据泄露。

2）虚拟化软件存在的安全风险

虚拟化软件存在的安全风险主要是指攻击者对平台及软件注入恶意代码或恶意攻击而造成的系统运行风险。虚拟化软件本身的管理接口没有设置安全的访问控制机制或软件本身存在安全漏洞，从而造成攻击者通过访问管理接口直接对虚拟化平台进行诸如跨站脚本、SQL 注入、目录遍历等攻击和入侵行为。

3）硬件资源存在的安全风险

硬件资源方面的安全风险主要涉及网络和硬件主机两个层面，具体包括因拒绝服务攻击而导致的网络和主机服务不可用、服务器缺乏访问控制机制或安全机制不健全而导致的非法登录和接入、服务器恶意代码感染及因服务器存在安全漏洞造成的运行故障和数据泄露等风险。

三、工业 PaaS 层风险："祸起萧墙"之危

工业 PaaS 是基于工业知识线性化、模型化、标准化的赋能使

第三章
安全形势：山雨欲来风满楼

能开发环境，是维持工业互联网平台正常运行和业务连续性的"神经中枢"。工业 PaaS 层一旦遭到攻击破坏，或将导致平台陷入全线瘫痪的危险境地，就好比一个人病入骨髓的状态。通用 PaaS 平台、工业应用开发工具、工业微服务组建、工业大数据分析平台等工业 PaaS 的各单元和模块都存在安全风险与脆弱性。具体来说，通用 PaaS 平台感染病毒、木马，可造成平台服务中断、数据丢失等严重后果。工业应用开发工具、微服务组件存在漏洞，将影响工业 App 的正常开发和使用。工业大数据分析平台汇聚海量工业企业的工艺参数、产能数据等高价值数据，被黑客入侵可能导致严重的经济损失和社会影响，威胁平台数据安全。

1. 平台漏洞风险

作为 PaaS 的基础，平台可能会存在各种安全漏洞，而与此同时，出于对平台风险收益的平衡考虑，运行方在补丁升级方面会有顾虑：如果 PaaS 平台应用很少，的确可以暂停服务进行升级；如果 PaaS 平台上有数百项应用正在运行，考虑安全性与可用性之间的风险收益平衡，补丁升级可能不是一个首选方法。随着 PaaS 应用的大规模上线，如何有效对应用进行漏洞扫描、渗透评估、应急处置、修复跟踪，将是摆在运行方、应用方等各类参与主体面前的重要课题。

2. 二次开发风险

大型企业出于适应企业内部开发运维环境的需要，可能会基于平台进行二次开发，在这种情况下，或许仅是 DMZ PaaS 的应用就会过百，而这些应用又由不同的团队开发和运行维护，各自需要控制版本、代码、权限、资源、上线、发布、回收等诸多个性化需求，从而可能会定制开发多套辅助系统。这种系统在应用中也会引入新的安全风险。

3. 开发运维一体化风险

PaaS 因其自身特点而非常适合开发运维一体化（DevOps）模式，即快速迭代、持续集成、持续交付，这与传统模式下的开发与运维相互分离有所不同。基于开发运维一体化的理念，应用的运维实际已交给开发部门，运维部门只是在底层的 IaaS、网络层等方面提供支持。如果没有规范的应用发布流程，有缺陷的应用可能就会被随意发布到互联网中，从而对整个平台造成危害。例如，有些 PaaS 中有 HelloWorld 应用，也有 Test1 到 Test$N$ 的应用，甚至还有 MySQL 实例，这些应用不一定存在安全问题，但随意或无管控状态可能会造成更大风险。

4. 访问控制风险

（1）内部网络访问控制风险。传统应用部署在特定的主机（物理机或虚拟机）上，有固定地址，与内部网络的访问需求可以通过防火墙策略进行精细控制。但在 PaaS 环境中，应用部署在 PaaS 集群中不特定的容器上，无法固定地址，每当需要访问内部网络时，只能将 PaaS 集群作为一个整体开通防火墙策略，所有在 PaaS 上的应用也自动地获得了相应的访问策略。由此，在防火墙上，内部网络向 PaaS 集群暴露的风险就会越来越大。一旦某个应用存在漏洞，就容易被攻击者利用，渗透进企业内网。

（2）外部应用访问控制风险。对于互联网来说，PaaS 是一个统一的入口，通过标识连接到相应应用的端点。这意味着需要采取措施，控制哪些标识解析地址能够被外部访问，哪些不能，传统防火墙难以做到这点。同时，进行标识解析地址过滤相对复杂，且在实际操作中，可能由开发团队、基础运行维护团队或是安全团队承担该项工作，在职责归属上存在含混不清、难于确定的情况。

四、工业 App 风险：把好"前哨"之难

工业 App 是一个个面向特定场景、解决特定问题的模块化、软件化的解决方案，是工业互联网价值的具体体现，是平台面向众多用户企业提供服务的窗口，也是打好平台安全保卫战的"第一

线"。工业 App 接入对象多、暴露攻击面大、安全管控难度高、面临风险来源广，在运行环境及应用组件、App 等方面都面临复杂的安全问题。

1. 运行环境和应用组件风险

一般来说，工业 App 都是基于 C++、J2EE 或 Python 等语言进行开发的，其组件大多都采用 Weblogic 等编程框架，可能会由于内存结构、数据处理、环境配置及系统函数等设计原因，导致内存溢出、敏感信息泄露、隐藏缺陷、出现反序列化漏洞等问题。上述风险直接导致上层应用程序调用组件时出现强制性输入验证、信息泄露、缓冲区溢出、跨站请求伪造等问题，甚至会造成软件运行异常和数据丢失。

2. 工业 App 安全风险

工业 App 存在移动端和非移动端两种形式。通常来说，工业 App 会面临如下风险：

（1）输入验证与表示（Input Validation and Representation）风险。这种风险主要是由特殊字符、编码和数字表示引起的，具体表现为缓冲区溢出、跨站脚本、SQL 注入、命令注入等形式。

第三章
安全形势：山雨欲来风满楼

（2）API 误用（API Abuse）风险。API 是调用者与被调用者之间的一个约定，大多数的 API 误用是由于调用者没有理解约定的目的所造成的，即 API 的不当使用引发安全问题。

（3）安全机制（Security Features）不健全。这种不健全主要体现为存在身份认证、访问控制、机密性、密码使用和特权管理等方面的缺陷。

（4）时间和状态（Time and State）风险。线程和进程之间的交互及执行任务的时间顺序往往由共享的状态决定，如信号量、变量、文件系统等；与分布式计算相关的缺陷包括竞态条件、阻塞误用等。

（5）错误（Errors）和异常处理缺陷。在这类缺陷中，最常见的是没有恰当地处理错误（或者没有处理错误），从而导致程序运行意外终止。还有一种缺陷是产生的错误给潜在的攻击者提供了过多信息。

（6）代码质量（Code Quality）问题。低劣的代码为攻击者提供了条件，使攻击者能够以特定方式对系统造成威胁。常见的这类缺陷包括死代码、空指针解引用、资源泄露等。

（7）移动端风险。这种风险的危害程度因平台不同而有所差异，iOS、Android 及类 Linux 的平台均在受影响范围之内，与传统的移动端风险类似，均可能携带病毒、注入广告、植入木马等。

五、数据安全问题：价值实现之"痛"

随着工业互联网平台的发展，平台数据体量不断增大、数据种类不断增多、数据结构日趋复杂，数据在工厂内部与外部网络之间的双向流动共享的现象日趋频繁，工业数据安全问题复杂多样，如图 3-9 所示。工业互联网平台的数据按照其属性或特征可以分为设备数据、业务系统数据、知识库数据、用户个人数据四大类。平台数据涉及工业企业知识产权和商业机密，是工业企业核心资产的重要组成部分，有些数据资料甚至关系国家安全。与此同时，工业互联网平台的共享、开放特征，在一定程度上增加了平台数据被窃取或被破坏的可能性。

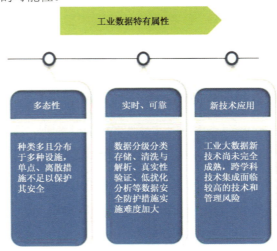

图 3-9　工业数据存在的安全问题

第三章
安全形势：山雨欲来风满楼

工业互联网平台数据安全风险存在于数据采集、数据存储、数据传输等全生命周期各环节，可能导致工业数据泄露、非授权访问、个人信息泄露等，如图 3-10 所示。

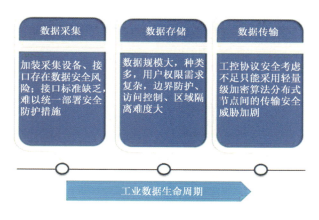

图 3-10　工业数据生命周期安全风险

1. 数据非授权访问的风险

风险源于工控设备普遍缺乏身份认证和授权机制。以 OPC classic 为例，OPC 服务器将实时库所有数据的访问权限开放给 OPC 客户端，由 OPC 客户端的应用程序确定采集的数据对象，可导致未授权用户非法访问的风险。数据访问控制需要保证不同安全域之间的数据不可直接访问，避免存储节点的非授权接入，同时避免对虚拟化环境数据的非授权访问。

2. 数据传输安全的风险

在平台数据传输过程中,可能存在被恶意监听、泄露商业机密的风险。在工业企业数据传输到云平台的过程中,传输链路未加密,且大部分传输协议都是明文传输的,存在数据在传输过程中被窃听而泄露商业秘密的风险。

3. 数据使用安全的风险

当工业互联网平台汇聚的工业数据与用户信息要从平台中输出或与第三方应用进行共享时,如未预先对这些数据进行脱敏处理,或者脱敏处理未采取不可恢复的手段,使数据分析方能够通过技术手段对敏感数据进行复原,则用户数据就存在泄露风险。同时,工业互联网平台服务商在将资源重新分配给新用户时,未对存储空间中的数据进行彻底擦除,这种情况用户数据也有泄露的风险。此外,平台服务提供商如未制定数据备份策略并定期对数据进行备份,则难以保证丢失的用户数据能够及时恢复。

第三章
安全形势：山雨欲来风满楼

管理挑战：任重道远

2018年，工业和信息化部陆续发布《工业互联网发展行动计划（2018—2020年）》《工业互联网平台建设及推广指南》等文件，多次强调应健全平台安全管理体制机制，落实企业安全主体责任。但总体而言，我国平台安全管理工作仍处于摸索阶段，相关政策标准研究刚刚起步，平台各方参与主体的责任边界模糊，防护缺乏统一规范，工业用户企业网络安全意识亟待培育，有针对性的安全防护产品、解决方案和专业人才队伍匮乏，难以满足平台安全发展需求。

一、平台网络安全管理政策标准不健全

《关于深化"互联网+先进制造业"发展工业互联网的指导意见》明确了我国工业互联网发展的指导思想、基本原则、发展目标、主

要任务及保障支撑，要求深入实施创新驱动发展战略，构建网络、平台、安全三大功能体系，增强工业互联网产业供给能力。工业和信息化部印发的《工业互联网发展行动计划（2018—2020年）》明确提出，到2020年，我国初步建成工业互联网基础设施和产业体系。这些政策文件明确了工业互联网平台发展方向，为平台建设和发展提供了政策依据。

随着工业互联网平台的广泛应用，工业企业在技术上、业务上越来越依赖工业互联网平台，而随着工业企业数据上传、业务迁移活动的日益普遍，工业企业对工业互联网平台的安全交付能力、管理能力、保障能力等都将提出更高的要求，一旦平台出现大规模的安全事件，可能导致生产停滞，引发严重经济损失，甚至造成企业倒闭。因此，为维护平台建设运营商、用户企业与关联企业的各方利益平衡，需要根据平台的整体安全需要，制定出台工业互联网平台安全保障的标准规范。而目前在实际建设、运用工业互联网平台的过程中，平台设计、建设、运维等活动的安全保护依然缺乏政策指导，目前仅立项《工业互联网平台安全要求及评估规范》一项国家标准，工业互联网平台安全政策标准体系远未建立。

二、平台各方参与主体责任划分不明确

当前，大部分工业互联网平台的网络安全管理体系尚未建立，

第三章
安全形势：山雨欲来风满楼

普遍缺乏平台安全建设、供应商安全要求、安全运维、安全检查和培训等相关安全管理制度。工业互联网平台的主管部门、运营单位、服务提供商、用户企业等多方主体在保护工业互联网安全方面的责任尚不清晰。同时，在工业互联网平台数据安全方面，工业互联网平台数据资源体量大、种类多、关联性强、价值分布不均，不同领域数据保护利用存在较大差异，导致数据安全责任主体边界模糊，责任归属难以界定。

三、工业企业网络安全意识普遍较薄弱

工业企业通常对网络安全问题考虑较少，安全防护措施不足，普遍存在重生产系统可用性、轻工业系统安全性的现象。即使工业互联网平台建设方、服务方在安全方面投入较多，但在使用平台服务的企业端安全意识不强的情况下，极易导致基础的安全检测和防护设备缺乏，难以在企业端与工业互联网平台进行数据交互时，设置足够的安全机制和采取有效的安全措施。

四、平台安全产品研发和产业化待深化

工业互联网平台研发建设、上线评估、运行维护评估等受到企业自身业务模式和人员安全能力的限制，缺乏针对互联网平台的攻击防护、漏洞挖掘、入侵发现、态势感知、安全审计、可信

芯片等相关安全产品和服务，满足工业互联网平台特点的安全技术和安全解决方案尚未成熟，安全生态尚未形成，难以满足互联网平台快速发展的安全需求。

五、工业互联网安全人才存在较大缺口

工业互联网平台建设和相关行业领域应用仍处于在探索中发展的阶段，平台安全涉及云计算、边缘计算、大数据、工控系统、生产业务、网络安全等诸多学科，并与工业用户企业的业务系统、业务流程、业务数据、业务模式等紧密相关。因此，工业互联网平台的安全发展，不仅需要技术型人才，还需要业务型人才，人才缺口较为明显，而精通IT与OT两个领域的复合型人才更是十分短缺。

《关于深化"互联网+先进制造业"发展工业互联网的指导意见》提出构建网络、平台、安全三大功能体系,建立涵盖设备安全、控制安全、网络安全、平台安全和数据安全的工业互联网多层次安全保障体系,突出强调了强化平台安全保障的重要性。

工业互联网平台作为工业互联网的核心载体,向上承载应用生态,向下接入机器设备,是连接工业用户企业、设备供应商、服务商、开发者、上下游协作企业的核心枢纽,其安全是工业互联网安全的关键要素。从构成来看,工业互联网平台安全体系架构主要包括边缘层安全、IaaS层安全、PaaS层安全、SaaS层安全四个层面。

在工业互联网平台安全建设过程中,标准是引领,技术是手段,防护是根本。当前,平台安全防护还缺乏统一规范,安全技术和解决方案整体发展滞后,防护效果难以满足平台业务拓展需求。为确保平台高质量发展,亟须从标准、技术、防护等多方面齐发力,建立完善平台安全体系,全方位提升平台安全能力和水平。

第四章
标准先行,制定平台安全的"法则"

安全保障，标准先行。平台安全标准作为工业互联网平台安全保障体系建设的重要组成部分，是国家网络安全政策法规在工业互联网领域实施的载体，是进行平台安全管理的基本"法则"，具有基础性、全局性、根本性、规范性和引领性作用。工业互联网发展的机遇和风险并存，全球多个权威标准化组织纷纷出台工业互联网安全相关标准。我国审时度势，在工业互联网平台标准化工作方面持续发力，不断提升工业互联网平台安全防护水平。

第四章
标准先行,制定平台安全的"法则"

他山之石:国外相关标准研究现状

国外标准化组织和研究机构在工业互联网安全领域已开展大量标准化工作,在云计算服务、大数据、工业控制系统信息安全等方面形成了一系列较为成熟的安全标准,为我国工业互联网安全标准化提供了重要参考。

一、各展所长——国外主要标准化组织及其成果

1. 国外主要标准化组织

1)ISO

国际标准化组织(International Organization for Standardization,ISO)是全球最权威的非政府标准化机构,负责信息技术领域的大多数国际标准化活动,并与国际电工委员会(International

Electrotechnical Commission，IEC）建立了联合委员会（ISO/IEC），致力于信息技术领域国际标准化工作，针对工业互联网的云计算安全、大数据安全等方面开展了大量标准研究工作，形成了《基于ISO/IEC 27002 的云计算服务的信息安全控制措施使用规则》（ISO/IEC 27017）、《公共云计算服务的数据保护控制措施实用规则》（ISO/IEC 27018）、《信息技术大数据概述和词汇》（ISO/IEC 20546）、《信息技术大数据参考架构》（ISO/IEC 20547）等一系列标准化成果。

2）NIST

美国国家标准与技术研究院（National Institute of Standards and Technology，NIST）直属美国商务部，是美国最权威的标准化机构，在云计算安全领域，为美国联邦政府提供标准制定、策略咨询等服务，开展了云计算安全架构研究，提出了若干安全风险解决方案，为工业互联网平台安全提供了标准依据。其主要标准研究成果包括《云计算安全障碍与缓和措施》《公共云计算中安全与隐私》《通用云计算环境》《美国政府云计算安全评估与授权的建议》《云计算参考体系架构》及《完全虚拟化技术安全指南》。

3) 其他标准化组织

计算机应急响应小组（Computer Emergency Response Team，CERT）是专门开展计算机网络安全问题应急响应的组织。目前比较著名的 CERT 组织包括美国国土安全部的 US-CERT、美国卡内基梅隆大学的 CERT Coordination Center 和中国的国家计算机网络应急技术处理协调中心。

国际电信联盟（International Telecommunication Union，ITU）是主管信息通信技术事务的联合国机构，负责分配和管理全球无线电频谱与卫星轨道资源，制定全球电信标准。

国际互联网工程任务组（The Internet Engineering Task Force，IETF）是负责互联网相关技术标准研发和制定的研究团体，在国际互联网业界具有一定权威，其技术工作由下属路由、传输、安全等专项工作组承担。

2. 国外工业互联网相关标准化成果

ISO、ITU、US-CERT、NIST 等较为权威的机构大力推进网络和信息安全相关标准制定工作，形成了一系列标准规范文件，其中不乏与工业互联网紧密相关的成果（见表 4-1），对国际工业互联网安全防护能力的提升发挥了重要作用。

表 4-1 国外工业互联网安全相关标准化成果

序号	国家	组织	名称	时间
1	美国	US-CERT	《计算机安全事件响应小组手册》	1988年
2	美国	US-CERT	《事件管理能力评价指标》	1990年
3	美国	NIST	《计算机安全事件处理指南》（NIST SP 800-61）	2006年
4	美国	NIST	《网络空间安全事件恢复指南》（NIST SP 800-184）	2016年
5	美国	NAS	《美国国家安全体系黄金标准》	2015年
6	国际	ISO信息安全技术分委员会	《信息安全事件管理第1部分 事件管理原理》	2004年
7	国际	ISO信息安全技术分委员会	《信息安全事件管理第2部分 事件响应规划和准备指南》	2007年
8	国际	国际电信联盟（ITU）	《网络安全信息共享和交换的能力及场景》（ITU-T X.1209）	2010年
9	国际	国际电信联盟（ITU）	《网络安全信息交换概述》（ITU-T X.1500）	2012年
10	国际	国际电信联盟（ITU）	《支持网络安全信息交换的传输协议》（ITU-T X.1582）	2012年
11	国际	国际互联网工程任务组（IETF）	《事件对象描述交换格式》（IETF RFC 5070）	2007年
12	国际	国际互联网工程任务组（IETF）	《计算机安全事件响应的预期》（IETF RFC 2350）	2008年
13	国际	国际电工委员会	IEC 62443 系列标准	2013年
14	德国	德国政府报告	《高科技战略2020》	2010年
15	德国	德国政府报告	《未来图景"工业4.0"》	2015年

第四章
标准先行,制定平台安全的"法则"

二、"横看成岭侧成峰"——国外工业互联网安全重要标准比较

1. IEC 62443

如图 4-1 所示,传统安全框架 IEC 62443 将工业控制系统按照控制和管理等级划分成相对封闭的区域,区域之间的数据通信在管道中进行,通过在管道上安装信息安全管理设备实现分级保护,进一步加强控制网络的纵深防御。

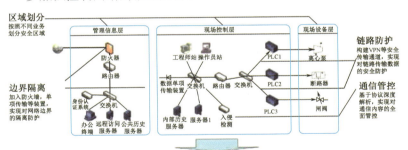

图 4-1 传统安全框架 IEC 62443

IEC 62443 采用纵深防御的安全防护策略,将技术与管理有机结合,但它仅实现了静态安全防护,没有考虑动态安全防护,难以满足当前工业互联网的安全防护需求。

103

2. IIC 工业物联网安全框架

针对当前的工业互联网安全环境,美国工业互联网联盟(Industrial Internet Consortium,IIC)从商业、功能和实现视角出发,以安全模型和策略作为总体指导,部署通信、端点、数据、配置管理、监测分析等方面的安全措施,提出了如图 4-2 所示的工业互联网安全框架。

图 4-2　IIC 工业互联网安全框架分析

3. 德国工业 4.0 安全架构

与美国相比,德国工业 4.0 的安全架构分为 CPS 功能视角、价值链视角和工业系统视角。从 CPS 功能视角看,安全应用程序贯穿于工业 4.0 整体架构的不同层次,必须对安全风险做整体考虑;从价值链视角看,对象的所有者必须考虑其生命周期的安全性;从工业系统视角看，所有系统需要针对安全特性开展风险分析，并在此基础上实施保护措施。

4. CSA《云安全指南》

2017 年，云安全联盟（CSA）发布《云安全指南》4.0 版本，以风险评估为基本方法，对云安全架构、安全治理和安全实施进行了阐述。该指南站在客户的角度，针对云安全监管问题提出了大量建设性意见，包括法律、合规、取证、审计等内容。

总体框架：国内平台标准体系总览

工业互联网安全标准的体系构建是我国推进工业互联网持续发展的基础性工作，在政府、行业协会、联盟、科研院所及企业的共同努力下，我国在工业互联网安全标准化组织体系构建、工业互联网安全政策和标准制定方面取得了很大的进步。工业互联网整体标准体系的逐步建立完善，为明晰平台安全标准化需求、构建科学合理的平台安全框架奠定了坚实的基础。

一、以联盟为纽带：主要标准化组织和研究机构

在工业和信息化部指导下，于 2016 年和 2017 年先后成立的工业互联网产业联盟（AII）和工业信息安全产业发展联盟（NISIA），是我国工业互联网安全标准化工作的重要力量。

第四章
标准先行,制定平台安全的"法则"

工业互联网产业联盟(AII)2017年发布的《工业互联网平台可信服务评估评测要求》详细规定了工业互联网平台可信服务评估要求;2018年发布的《工业互联网安全框架》,从工业互联网安全的对象、措施、管理三个视角提出了工业互联网的安全框架。

工业信息安全产业发展联盟(NISIA)发布的《2017年工业信息安全态势白皮书》提出了工业信息安全标准体系,包括安全等级、安全要求、安全实施和安全测评(见图4-3)。

二、以法规为准绳:工业互联网安全相关法规政策和行业标准

近年来,我国围绕《网络安全法》出台了一系列配套战略规划、法律法规和标准规范,其中,多个文件强调了工业互联网安全,为我国工业互联网安全保障能力建设提供了重要指引。同时工业互联网产业联盟编制的《工业互联网安全框架》也取得了重大进展。除上述标准外,全国信息安全标准化技术委员会出台的一系列云安全相关标准也为工业互联网平台安全建设提供了参考。

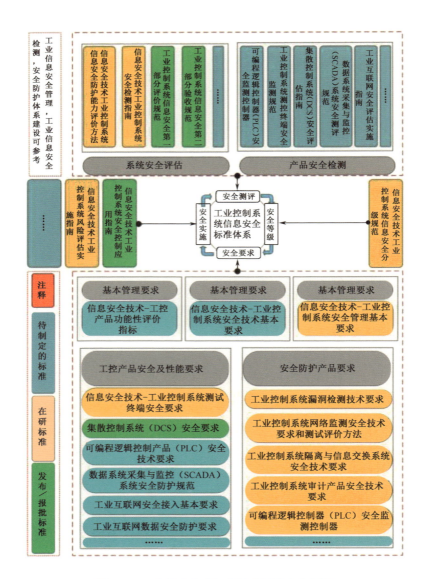

图 4-3 工业信息安全标准体系总体参考框架

第四章
标准先行,制定平台安全的"法则"

1. 工业互联网相关法规政策与行业标准陆续出台

表 4-2 是对近年国内工业互联网安全相关政策法规和标准规范的归纳整理。

表 4-2 工业互联网安全相关政策文件和行业标准(部分)

序号	部门	文件名称	主要内容	类型
1	十二届全国人大常委会	《中华人民共和国网络安全法》(2016.11)	为保障网络安全,维护网络空间主权和国家安全、社会公共利益,保护公民、法人和其他组织的合法权益,促进经济社会信息化健康发展制定。由全国人民代表大会常务委员会于 2016 年 11 月 7 日发布,自 2017 年 6 月 1 日起施行	法规
2	国务院	《关于深化"互联网+先进制造业"发展工业互联网的指导意见》(2017.11)	工业互联网通过系统构建网络、平台、安全三大功能体系,打造人、机、物全面互联的新型网络基础设施,形成智能化发展的新兴业态和应用模式,是推进制造强国和网络强国建设的重要基础,是全面建成小康社会和建设社会主义现代化强国的有力支撑	政策
3	工业和信息化部	《工业控制系统信息安全行动计划(2018—2020年)》(2017.12)	工业控制系统信息安全是实施制造强国和网络强国战略的重要保障。近年来,我国工控安全面临安全漏洞不断增多、安全威胁加速渗透、攻击手段复杂多样等新挑战。为全面落实国家安全战略,提升工业企业工控安全防护能力,促进工业信息安全产业发展,加快我国工控安全保障体系建设制定	政策

续表

序号	部门	文件名称	主要内容	类型
4	国家质检总局、标准化委员会	《工业控制系统信息安全 第1部分 评估规范》（GB/T 30976.1—2014）（2014.07）	该文件的发布填补了我国针对工控领域无标准做依据进行系统和产品评估、验收的空白，主要内容包括安全分级、安全管理基本要求、技术要求、安全检查测试方法等基本要求，适用于系统设计方、设备生产商、系统集成商、工程公司、用户、资产所有人及评估认证机构等对工业控制系统信息安全的评估和验收	国标
5	国家质检总局、标准化委员会	《工业控制系统信息安全 第2部分 验收规范》（GB/T 30976.2—2014）（2014.07）	该文件的发布对今后建立国际领先的工业控制系统信息安全评估认证机制，形成我国自主的工业控制系统信息安全产业和标准体系，保障国家经济的稳定增长和国家利益的安全具有现实意义	国标
6	国家质检总局、标准化委员会	《信息安全技术 工业控制系统安全控制应用指南》（GB/T 32919—2016）（2016.08）	该文件是针对各行业使用的工业控制系统给出的安全控制应用基本方法，指导选择、裁剪、补偿和补充工业控制系统安全控制，形成适合组织需要的安全控制基线，满足组织对工业控制系统安全需求，实现对工业控制系统进行适度、有效的风险控制管理	国标

第四章
标准先行，制定平台安全的"法则"

续表

序号	部门	文件名称	主要内容	类型
7	国家质检总局、标准化委员会	《工业自动化和控制系统网络安全 可编程序控制器（PLC）第1部分：系统要求》（GB/T 33008.1—2016）（2016.10）	从PLC的不同网络层次和组成部分规定了网络安全的检测、评估、防护和管理等要求，为工控行业的系统设计方、设备生产商、系统集成商、工程公司、用户、资产所有人及评估认证机构提供了可操作的工控安全标准，进一步完善了我国工业控制网络安全标准体系，有助于形成我国自主的工业控制系统网络安全产业和管理体系，有力地保障了国家经济的稳定增长和国家利益的安全	国标
8	国家质检总局、标准化委员会	《工业自动化和控制系统网络安全 集散控制系统（DCS）第1部分：防护要求》（GB/T 33009.1—2016）（2016.10）	规定了DCS安全防护区域的划分，并对过程监控层、现场控制层和现场设备层的防护要点、防护设备及防护技术提出了具体要求。进一步完善了我国工业控制网络安全标准体系，有助于形成我国自主的工业控制系统网络安全产业和管理体系，有力地保障了国家经济的稳定增长和国家利益的安全	国标
9	国家质检总局、标准化委员会	《工业自动化和控制系统网络安全 集散控制系统（DCS）第2部分：管理要求》（GB/T 33009.1—2016）（2016.10）	规定了DCS信息安全管理体系及其相关安全管理要素的具体要求。进一步完善了我国工业控制网络安全标准体系，有助于形成我国自主的工业控制系统网络安全产业和管理体系，有力地保障了国家经济的稳定增长和国家利益的安全	国标

续表

序号	部门	文件名称	主要内容	类型
10	国家质检总局、标准化委员会	《工业自动化和控制系统网络安全 集散控制系统（DCS）第3部分：评估指南》（GB/T 33009.1—2016）（2016.10）	规定了DCS的安全风险评估等级划分、评估对象和实施流程，以及安全措施有效性测试。进一步完善了我国工业控制网络安全标准体系，有助于形成我国自主的工业控制系统网络安全产业和管理体系，有力地保障了国家经济的稳定增长和国家利益的安全	国标
11	国家质检总局、标准化委员会	《工业自动化和控制系统网络安全 集散控制系统（DCS）第4部分：风险与脆弱性检测要求》（GB/T 33009.1—2016）（2016.10）	规定了DCS在投运前后进行风险和脆弱性检测，对DCS软件、以太网网络通信协议与工业控制网络协议的风险与脆弱性检测提出具体的要求。进一步完善了我国工业控制网络安全标准体系，有助于形成我国自主的工业控制系统网络安全产业和管理体系，有力地保障了国家经济的稳定增长和国家利益的安全	国标
12	国家质检总局、标准化委员会	《工业通信网络 网络和系统安全 建立工业自动化和控制系统安全程序》（GB/T 33007—2016）（2016.10）	规定了如何在工业自动化和控制系统（IACS）中建立网络信息安全管理系统，并提供了如何开发这些元素的指南。与IEC 62443-1-1中描述的IACS相比，该文件的定义和范围更为广泛	国标

第四章
标准先行，制定平台安全的"法则"

续表

序号	部门	文件名称	主要内容	类型
13	国家质检总局、标准化委员会	《电力信息系统安全检查规范》（GB/T 36047—2018）（2018.03）	本规范可以指导电力企业开展信息系统安全检查工作，规范电力信息系统信息安全检查过程，防范对电力信息系统的攻击侵害及由此引起的大面积停电事故，保障电力信息系统的安全稳定运行，保护国家重要基础设施的安全，提高信息保证能力	国标
14	国家质检总局、标准化委员会	《安全漏洞分类》（GB/T 33561—2017）（2017.05）	规定了计算机信息系统安全漏洞分类的原则和类别。适用于计算机信息系统安全管理部门进行安全漏洞管理和技术研究部门开展安全漏洞分析研究工作	国标
15	国家烟草专卖局	《烟草行业信息系统安全等级保护实施规范》（2015.03）	规定了烟草行业信息系统安全等级保护实施过程中的流程、等级划分与确定方法、技术保护和安全管理的要求。本标准用于指导烟草行业新建和已投入使用的信息系统安全等级保护的实施，为烟草行业信息系统的定级、技术防护、安全管理提供依据	行标

2.《工业互联网安全框架》取得进展

2018年2月，工业互联网产业联盟发布了《工业互联网安全框架（讨论稿）》，提出了较为权威的安全防护策略。该框架的防护对象包括设备、控制、应用、网络、数据；防护措施包括威胁防护、监测感知和处置恢复；防护管理包括安全目标、风险评估和安全策略。具体框架如图 4-4 所示。

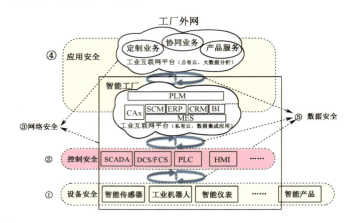

图 4-4　工业互联网安全体系框架

从防护对象来看，设备安全主要指接入工业互联网的终端安全；控制安全主要指 PLC、SCADA、DCS 等工业控制系统安全；网络安全主要指工业企业管理网、控制网和互联网的安全；应用安全主要指工业 IaaS、PaaS、SaaS 的安全；数据安全主要指工业生产业务活动中产生、采集、处理、存储、传输和使用数据的安全。

从防护措施视角来看，为应对工业互联网所面临的各种安全威胁，可以从防护、感知和处置三大环节构建防护措施视角，基本架构如图 4-5 所示。

第四章
标准先行，制定平台安全的"法则"

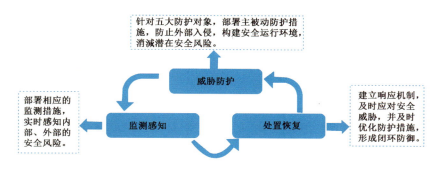

图 4-5　防护措施视角

从防护管理视角来看，建立工业互联网安全防护策略旨在指导企业构建可持续改进的安全防护管理体系。在明确防护对象及其所需要达到的安全目标后，对安全风险进行全面评估，找出防护体系与安全目标之间存在的客观差距，制定相应的防护策略，提升防护能力，并在此过程中不断改进，具体如图 4-6 所示。

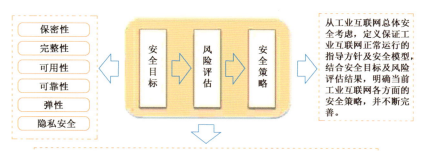

图 4-6　防护管理视角

3. 云安全相关标准稳步推进

全国信息安全标准化技术委员会（SAC/TC 260）组织制定了云计算安全相关标准，目前已经发布《信息安全技术 云计算服务安全指南》（GB/T 31167—2014）、《信息安全技术 云计算服务安全能力要求》（GB/T 31168—2014）等多项国家标准。

《信息安全技术 云计算服务安全指南》（GB/T 31167—2014）主要为政府部门使用云计算服务提供管理指导，该标准概述了政府部门使用云计算面临的安全风险，描述了政府部门使用云计算的基本流程和步骤，指导政府部门根据具体业务系统和信息类型，在进行风险评估的基础上部署和使用云计算服务。《信息安全技术 云计算服务安全能力要求》（GB/T 31168—2014）主要对服务提供商提供的云计算服务提出了安全保证能力要求，是相关评测机构的重要评估依据，也供使用云计算的政府部门、相关监管机构参考。

目前正在制定的云计算安全相关国家标准还有《信息安全技术 云计算安全参考框架》（GB/T 35279—2017）、《信息安全技术 云计算服务安全能力评估方法》（GB/T 34942—2017）等，TC 260 也正在组织专家研究云计算安全技术路线，完善云计算安全标准体系框架。

第四章
标准先行,制定平台安全的"法则"

发展路径:平台安全标准化主要方向

工业互联网平台是在传统云平台基础上工业应用的再次重构,与传统云平台相比,融入了更多工业应用特点。平台边缘层、IaaS层、PaaS层、应用层四个层次,以及涵盖整个工业系统的安全管理体系,构成了工业互联网平台的基础支撑和安全保障。基于工业互联网平台安全需求,未来平台安全标准发展将主要侧重于以下几个方向。

一、边缘层安全标准化发展方向:六个领域面面俱到

聚焦边缘层安全,未来标准化发展方向应从网络拓扑、传输保护、边界防护、访问控制、入侵检测、安全审计六个方面的安全需求入手,明确相关防护措施,提升安全水平(见图4-7)。

图 4-7　边缘层安全标准化发展方向

1. 网络拓扑

工业互联网平台应划分单独的接入安全域，并分配已规划的地址空间，保障网络拓扑安全。同时，工业互联网平台可通过信息交换系统或消息系统来进行数据的交互，避免接入设备与重要信息系统直接互联。此外，工业互联网平台还应采取相关措施，满足不同用户间或者同一用户不同业务间的隔离需求。

2. 传输保护

在网络传输领域，工业互联网平台一方面应保证其在通信过程中的数据完整性和关键信息保密性；另一方面，关键应用应提供符合国家密码管理有关规定的通信加密和签名验签设施。

3. 边界防护

工业互联网平台的边界安全防护主要包括五个方面。第一，确保设备只能通过严格管理的接口接入，在接口上应部署边界保护设备。第二，在设备接入的边界和内部关键边界上，以及在访问系统的关键逻辑边界上，对通信进行监控。第三，能够对非授权设备的接入行为进行告警和阻断。第四，能够限制设备接入点的数量，以便对进出通信和网络流量实施有效监控。第五，采用白名单机制，确保设备接入经授权后方可传输数据。

4. 访问控制

对于接入网络边界网关，只开放接入服务相关的端口，对接入的设备进行唯一标识和鉴别，接入网络边界网关只安装必要功能组件和服务。采用白名单控制方式，只允许合法设备接入网络，限制设备的访问权限，并限制设备间的非授权通信，在一个非活动时间周期后，可以通过自动方式或手动方式终止设备接入。

5. 入侵检测

工业互联网平台应具备网络入侵检测能力。一方面，工业互联

网平台能够检测接入设备发起的 DDoS 攻击行为，并详细记录攻击源 IP、攻击类型、攻击目的、攻击时间等；另一方面，在发生严重入侵事件时能够告警甚至阻断。

6. 安全审计

安全审计应对接入设备的重要安全事件和重要行为进行审计，审计记录产生的时间应由系统唯一确定的时钟产生，确保审计分析的正确性。审计记录应包括事件的日期和时间、用户、事件类型、事件是否成功及其他与审计相关的信息。此外，还应对审计记录进行保护，定期备份，避免受到未预期的删除、修改或覆盖。

二、云平台安全标准化发展方向：三大平台各有所重

如图 4-8 所示，工业 IaaS、PaaS、SaaS 平台都是基于云计算平台构建的，因此云平台安全标准成为工业互联网平台安全标准化未来发展的重要方向。以下从工业 IaaS、PaaS、SaaS 平台三个方向阐述工业互联网平台的安全需求，这也是未来工业互联网平台安全标准建设的主要内容。

第四章
标准先行,制定平台安全的"法则"

图 4-8 云平台安全标准化发展方向

1. 工业 IaaS 平台安全标准需要重点关注的安全需求

工业 IaaS 平台通过虚拟化技术提供处理、存储、网络和其他基本的计算资源,用户能够部署和运行软件,包括操作系统和应用程序,无须管理或控制任何云计算基础设施。工业 IaaS 平台当前可采用《信息安全技术 云计算服务安全能力要求》(GB/T 31168-2014)开展安全防护工作,未来应根据工业 IaaS 平台的工业属性特点制定相应的安全标准。

2. 工业 PaaS 平台安全标准需要重点关注的安全需求

工业 PaaS 平台安全包括数据分析服务安全、数据输出安全、微服务组件安全、平台应用开发环境安全(见图 4-9)。

图 4-9 工业 PssS 平台安全标准需重点关注的安全需求

1）数据分析服务安全（见图 4-10）

第一，针对不同接入方式的用户，工业 PaaS 平台应采用不同的认证方式，需检查使用数据的合法性和有效性。

第二，在使用前，工业 PaaS 平台应确认挖掘算法的使用范围、挖掘周期、挖掘目的和挖掘结果，应提供必要的算法安全性和可靠性验证与测试方案。

第三，在数据挖掘过程中，工业 PaaS 平台应对挖掘算法使用的数据范围、数据状态、数据格式、数据内容等进行监控。

第四，工业 PaaS 平台禁止挖掘算法对数据存储区域的原始数据进行增加、修改、删除等操作。

第五，禁止将挖掘算法产生的中间过程数据与原始数据存储于同一空间，工业 PaaS 平台应定期检查用户操作数据的情况，统一管理数据使用权限。

第四章
标准先行，制定平台安全的"法则"

- **针对不同用户采用不同认证方式**
  - 针对不同接入用户采用不同认证方式，并检查其使用数据的合法性

- **使用前确认挖掘算法信息**
  - 使用前确认挖掘算法的使用范围、挖掘周期、挖掘目的和挖掘结果

- **使用中对挖掘算法进行监控**
  - 使用中监控挖掘算法的数据范围、数据状态、数据格式、数据内容

- **重点区域限制挖掘算法权限**
  - 禁止挖掘算法对数据存储区域的原始数据进行增、删、改等操作

- **定期检查用户操作数据**
  - 定期检查用户操作数据的情况，统一管理数据使用权限

- **在不同应用间进行数据关联性隔离**
  - 在不同应用间进行数据关联性隔离，审计挖掘内容、过程、结果、用户

- **信息共享前进行脱敏处理**
  - 对源数据和挖掘结果进行准确标识，对信息共享进行脱敏处理

图 4-10　数据挖掘标准化发展方向

第六，工业 PaaS 平台应在不同应用之间进行数据关联性隔离，同时应对挖掘内容、过程、结果、用户进行安全审计，审计内容包括挖掘内容的合理性、挖掘过程的合规性、挖掘结果的可用性、挖掘用户的安全性等。

第七，工业 PaaS 平台应对源数据和挖掘结果进行准确标识，在将收集到的信息共享给第三方应用前，应进行脱敏处理；挖掘算法产生的中间过程数据、挖掘结果应独立存储，挖掘算法完成后，

应完全清楚中间过程数据，挖掘结果应设置访问权限控制。

2) 数据输出安全

首先，工业 PaaS 平台应保留应用数据的各类操作日志，确保操作行为可追溯；应对所有输出数据进行合规性审计，审计内容包括数据的真实性、一致性、完整性、归属权、使用范围等。

其次，工业 PaaS 平台应对数据输出的接口进行规范管理，包括数据输出接口类型、加密方式、传输周期、使用用途、认证方式等。

再次，如需将数据输出到平台以外的实体，工业 PaaS 平台在输出前应对数据进行脱敏操作，确保输出的数据满足约定的要求且不泄露敏感信息。

最后，工业 PaaS 平台应保留所有审计日志并独立存储，禁止开放审计结果的修改与删除权限。

3) 微服务组件安全

工业 PaaS 平台应对微服务与外部组件之间的应用接口采取安全管控措施。一方面，接口协议操作应通过接口代码审计，黑、白名单等控制措施确保交互符合接口规范，调用应用接口应具备认证措施。另一方面，关键接口的调用，如调用频率、调用来源等应支持技术监控。另外，由应用接口产生的业务应用在供用户下载前应通过安全检测。

第四章
标准先行，制定平台安全的"法则"

4）平台应用开发环境安全

信息保护。平台应用首先应保护用户隐私，未经用户同意，不能擅自收集、修改、泄露用户敏感信息，同时应保护相关信息的安全，避免相关数据和页面被篡改和破坏。一般来说，动态传输和静态存储的关键数据必须进行加密和容灾备份，保障用户的数据和服务不会中断。

恶意代码防范。除做好信息保护以外，平台应用环境应具备恶意代码检测能力，检测系统和恶意代码库应定期更新升级。此外，工业 PaaS 平台对开发环境和用户交互的各类信息（包括上传、下载文件，即时通信内容和数据等）还要进行必要的安全过滤。

上线前检测。平台的各项业务应用在上线前，应开展完备的安全检测，经过安全检测后方可正式发布。开发环境应支持工业 App 的代码签名机制，对 App 检测审核后，进行数字签名。终端在下载安装 App 之前，对经过签名的 App 进行验证，只有通过签名验证的 App 才被认为是可信的，继而被安装到终端上。业务应用在上线前或升级前应进行代码审计，对问题代码进行完善，形成审计报告；业务应用的关键字符串应支持加密，避免关键字符串泄露。

身份鉴别。一是保留用户个人信息或服务信息的业务，应对用户进行身份鉴别；应提供并启用用户身份标识唯一检测功能，保证在开发环境中不存在重复的用户身份标识。二是应提供并启用用户鉴别信息复杂度检测功能，保证身份鉴别信息不易被冒用。三是应提供安全登录功能，防止用户信息泄露；用户账户和口令等数据应加密存储。

3. 工业 SaaS 平台安全标准需要重点关注的安全需求（见图 4-11）

工业互联网平台的应用层安全未来标准化方向，主要聚焦在访问控制安全和资源控制安全两个方面。

1）访问控制安全

第一，按照安全策略要求严格控制用户对业务应用的访问权限。第二，按照安全策略要求严格控制应用对其他应用用户数据或特权指令等资源的调用。第三，对用户登录请求进行限制。第四，保障用户与应用软件的会话不可被窃听、篡改、伪造、重放等，关键操作需要对用户进行再次身份鉴别。

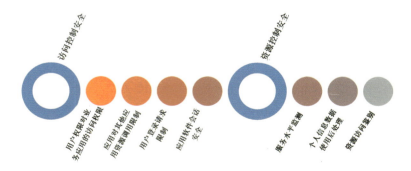

图 4-11 工业 SaaS 平台安全标准需要重点关注的安全需求

2) 资源控制安全

工业 SaaS 平台首先应限制对应用访问的最大并发会话连接数据等资源配额，能够对服务水平进行监测，当服务水平降低到预先规定的阈值时进行告警；其次，应在使用完毕后及时删除或匿名化处理用户相关个人信息数据，对留存期限有明确规定的，按相关规定执行；最后，应支持资源访问鉴别，只有鉴别成功的用户或系统才可以访问相应资源。

第五章
多维并举：全面铸造平台安全基础

工业互联网平台更多表现出"物"的特性，工业互联网平台的健康发展与有序治理更多依赖先进技术的应用，尤其是网络与信息安全技术的应用。工业互联网平台的安全性是工业信息化赋能工业现代化的基础保障，没有信息安全保障的工业化越发展，风险越大，一旦出问题，影响的将是国计民生。

工业互联网平台从体系架构、业务类型、接入资源、用户访问、分布式管控等方面表现出开放、多元与异构等特征，其安全问题来自多个层面、多个维度，呈现方式多种多样，安全风险也错综复杂。

从系统预防和防御角度看，工业互联网平台安全要同时布局主动信息安全与被动信息安全；从云管端边的角度看，工业互联网平台作为工业信息化的数据汇聚与分析挖掘中心，需要统筹云安全、大数据安全与边缘计算安全。

网络信息安全技术：地基

网络信息安全可分为网络安全与信息安全。网络安全侧重接入与传输安全，信息安全侧重身份、密钥与内容安全，信息安全概念的范围更大，更具代表性。信息化与工业化的不断融合体现在人工智能 A（Artificial Intelligence）、大数据 B（Big data）与云计算 C（Cloud Computing）三者在工业信息化领域相互支撑、相互作用上，最终 A、B、C 悉数落实到数据 D（Data）的采集、传输、存储、汇集、抽取、分析与挖掘等处理环节的交叉、迭代与归集。数据成为工业互联网时代的核心生产资料，并在相当程度上影响着一个国家或某个领域的工业互联网发展大局。

数据具备三性，分别是客观性、归属性与流动性（简称数据三性）。客观性指数据必须真实反映客体属性，不可被非法篡改；归属性指数据的来源与归属都是确定的，不可被非法访问；流动性指

第五章
多维并举：全面铸造平台安全基础

数据只有流动才会产生价值，流动过程必须规避客观性与归属性的非法改变。

数据三性是数据作为信息化生产资料的前提，也是工业互联网平台安全的基石。从信息化角度看，工业互联网平台安全问题的本质就是保证各类工业数据的三性正确。

从安全措施实施角度，信息安全可以划分为主动信息安全与被动信息安全，主动信息安全又可细分为身份安全、密钥安全与密文安全。

工业互联网平台安全需要从边缘设备层、IaaS 层、PaaS 层与 SaaS 层四个层级，主被动安全两个方向，以及主动信息安全的三个维度来统筹规划、建设实施和管理维护。

一、网络与信息安全技术是平台安全出发点

1. 密钥安全是网络信息安全的根本

这里借助一个虚构故事来说明密钥的应用及其安全的重要性。

小马与小李是合作伙伴，信息往来频繁，经常涉及敏感信息，需要信息安全措施来保障信息安全。小明的身份有点特殊，他对小马与小李之间的信息往来十分感兴趣，而且深谙信息安全技术，总有办法在网络上获取小马与小李之间的通信内容。他们三人之间经

历了如下虚构情节:

刚开始时,小马与小李之间商议使用一个彼此知道的密钥 SymKey,小马每次发给小李的信息都用事先约定的密钥 SymKey 加密形成密文,小李收到来自小马的密文后,使用 SymKey 解密,就知道信息的内容了。此时,小明拿到的内容属于密文,在不知道对称密钥 SymKey 的情况下,小明无法直接了解密文内容,但小明通过具有大运算能力的计算机的"暴力破解",还是很快分析出了 SymKey,由此知道了小马与小李之间的沟通内容。

很快,小马、小李发现他们的沟通内容被窃听,怎么办?频繁更换 SymKey!由于频繁更换对称密钥只能通过网络,小明既然可以通过网络获取密文,也就可以获取 SymKey,因此,小马、小李之间通过对称密钥 SymKey 加密的密文对于小明来说如同裸奔。

这里出现了对称密钥与对称加密。对称加密就是加解密双方使用相同的密钥进行加密和解密,这类密钥被称为对称密钥,对称密钥的安全直接决定了对称加密的安全,后文会提到如何进一步强化密钥本身的安全。常见的对称加密算法包括 DES、3DES、AES、SM4 等。

小明窃取对称密钥的行径还是被发现了,小马决定使用非对称加密办法:小马、小李各自产生一对非对称密钥,包括一个公钥一个私钥,两人把各自的公钥发给对方,私钥存放在自己手里,不通过网络传输。小马利用小李的公钥采用非对称加密自己产生的

第五章
多维并举：全面铸造平台安全基础

SymKey1，并用 SymKey1 对称加密明文后发给小李，小李收到密文后使用自己保存的私钥非对称解密出 SymKey1，然后再解密出经过 SymKey1 对称加密过的明文；同样，小李使用小马的公钥非对称加密自己产生的 SymKey2，并用 SymKey2 对称加密明文后发给小马，小马使用自己保存的私钥非对称解密出 SymKey2，然后再解密出 SymKey2 对称加密的明文，这样小明又暂时没办法窃听小马、小李之间的秘密了。

这里出现了非对称密钥与非对称加密、解密。非对称密钥包括一个公钥和一个私钥，公钥加密的内容只能通过私钥解密，私钥加密的内容只能通过公钥解密，这就是非对称的含义。通常公钥可由私钥衍生，但公钥很难推算出私钥，因此破解密双方通常把公钥给对方，把私钥安全地放在自己手上，公私钥分离规避了小马、小李在网络上直接交换对称密钥的安全风险。

使用非对称密钥加解密的算法称为非对称加密算法。通常公钥加密、私钥解密，能够规避两个用户对称密钥交换存在的安全风险。为什么不直接使用非对称公私钥加密解密明文呢？当然可以，非对称加密算法的计算复杂度相对于对称算法更高，所以还是用它来做对称密钥的安全交换更有效率。公私钥加解密除了和对称加解密一样可以直接保护敏感信息内容及对称密钥安全交换，还可以提供签名、验签功能。通常私钥加密公钥解密被称为签名，公钥加密私钥解密被称为验签。签名、验签主要用于身份溯源与保护密文一致性

和完整性。常用的非对称算法包括 RSA、SM2 等。

小马、小李没踏实多久,聪明的小明改变了策略,直接在网络上实施中间人攻击。具体做法是:小明自己伪造两对公私钥(PriKey1/PubKey1、PriKey2/PubKey2),在小马给小李发送小马公钥时,小明将其替换成自己伪造的公钥 PubKey1,同样,在小李给小马发送小李公钥时,小明将其替换成自己伪造的公钥 PubKey2。这样,小马、小李实际上拿到的都是小明伪造的公钥,当小马、小李传输对称密钥时,小明就可以拿到他俩的对称密钥,从而又可以窥探他俩的秘密了。在这里,小明可以不改变他俩的对称密钥,也可以改变他俩的对称密钥,反正小马、小李不知道。让小明如此得逞的原因是小马、小李使用对方的公钥时没有确认使用的公钥是否真的是来自对方。

为了打击小明的恶意行为,小马、小李找到了某权威机构,将各自的公钥进行认证,每次小马、小李进行密钥交换时,均通过权威机构认证确保各自公钥的真实来源,这下小明真的是遇到了麻烦。这里的权威机构就是 CA 中心,权威机构的认证手段就是 CA 证书。

这里需要说明的是,小明还是畏惧法律的,如果单纯从技术手段上来讲,CA 证书也是有可能伪造的。CA 的本质是利用自己公知的公钥来保护用于对称密钥安全交换的用户公钥,在某些不直接使用 CA 的应用中,通过发行环节预置类似于 CA 的非对称保护公私

第五章
多维并举：全面铸造平台安全基础

钥对。公知也好，预置也罢，都是偏静态的，即最基础的保护公钥，无法经常变化，这就为通过强大算力实施暴力破解创造了条件，只要信息的价值足够高，这种寻求暴力破解的动力就会相应增大，这就是需要以变应变、不断发展广域动态密钥交换技术的原因。量子通信能够规避直接窃听安全传输密钥的风险，但量子计算有可能通过算力破解密钥本身。

上述故事还有一些插曲。在小马和小李的密文沟通过程中，小明为了显示自己的能耐做了一些恶作剧，小明作为中间人存在的时候，能够拿到小马发给小李的对称密钥和密文，小明把密文解密后修改了明文的内容，然后再加密发给小李，小李觉察不到，由此小马、小李之间产生了不小的误会，双方经过坦诚沟通，发现是小明干的坏事。因此，在每次明文加密时，先对明文做哈希运算，得到一个定长的、类似于文章摘要的数据段，然后使用自己的私钥对这个摘要数据段进行加密后，连同整个密文一同发给对方。对方收到整个密文后，先使用对方的公钥对摘要密文解密得到摘要数据段，然后对内容密文解密后，采用同样的哈希算法形成另一个摘要数据段，比对这两个数据段，如果一致就说明内容没有被篡改。

这里提到的哈希算法实际上是一种单向加密算法，单向密钥 MAC 能把一个任意长度的明文加密成一个固定长度且很短的密文摘要，即便有人知道 MAC，也无法由密文摘要解出明文原文。每个任意长度的明文通过某个单向密钥 MAC 采用哈希算法都会生成

唯一的固定长度的短摘要。如果 MAC 泄露且整个密文可以破解，那么这种通过哈希算法保障内容一致性的办法也是不安全的，这再次说明密钥的安全性是整个加解密算法体系的根本。

常见的哈希算法有 MD5、SHAC1、SHAC2、SM3 等。

前面提到，小马、小李使用的 SymKey 很快就被小明破译了，原因之一就是小马、小李约定的 SymKey 是通过软件算法产生的，属于伪随机数，不是真随机的。SymKey 转化成比特流后，其 01 比特分布并非接近随机分布，因此，看似很长的密钥因为存在强关联性，等效的密钥真随机长度其实很短，破解难度大大降低。怎么办？借助专用安全芯片的真随机数发生器产生各种密钥，这种密钥的比特流很接近随机分布，随着密钥的长度增加，其破解难度接近天文数字。

另外，小马、小李的密钥除了在网络中可以被窃取，在小马、小李的信息终端里通过木马、克隆等恶意软件也是很容易被窃取的，因为常规的信息终端没有专用安全芯片，密钥和应用程序的数据存储在同一空间内，恶意软件很容易跟踪这些信息。可行的办法就是引入专用安全芯片，将密钥的生成、存储、使用等与应用程序物理隔离。

目前，工业互联网的各种应用中，对安全硬件需要普遍性应用的重视程度很低，对潜在的安全威胁重视程度严重不够。这一方面是由于这些安全措施的应用有相当技术门槛，相关解决方案供应商

第五章
多维并举：全面铸造平台安全基础

避重就轻应付了事；另一方面是由于相关需求部门对信息安全硬件安全载体的必要性认知不够。

2. 身份安全是网络信息安全的入口

小明实施中间人攻击的前提是其可以对小马冒充为小李，对小李冒充为小马，原因是小马、小李使用对方的公钥保护对称密钥交换时并不知道对方的公钥究竟是不是真的属于小李或小马。在此种情况下，公钥及其背后的私钥直指身份安全，因此其也称为身份公钥与身份私钥。

随着人类进入信息文明时代，人类的身份双重化，生活的环境也二元化。人为碳基身份，各种信息化载体为硅基身份；二元社会分别指现实社会与网络社会，人类基于双基身份在现实社会与网络社会穿行，开展各种信息化业务。信息化业务的直接主人是硅基身份，间接主人是碳基身份。硅基身份如果不能和某个碳基身份正确映射，那么数据的归属性就发生了改变，偷梁换柱就不可避免。

在网络社会中，可靠的身份安全表现为碳基身份安全与硅基身份安全。我们常用的指纹、PIN 码、手势、人脸识别手段仅仅服务于碳基身份与硅基身份的绑定关系，属于碳基身份安全的范畴，并不代表硅基载体之间信息业务往来的信息安全有保障。硅基身份安全要靠身份公私钥的安全来保障，而身份公钥安全最怕

中间人攻击。

在互联网里，正是因为有大量的路由器、网关、服务器才使各个节点能够互联互通，但也正是这些节点，为中间人攻击创造了条件。直接在互联网中传输密文与密钥肯定是不安全的，所以不在互联网中传输密钥，而是在各个节点预置，或者另辟蹊径，通过互联网之外的通信途径传输密钥，这也是量子密钥通信或 DR4H 技术的价值所在。

中间人攻击时时处处都在，尤其是随着网络通信深度支撑各个工业领域的现代化发展，其包含的安全风险呈几何级数增长，这也是没有网络信息安全就没有国家战略发展安全的深刻意义所在！

身份安全分很多层次，对于一些敏感程度不高的信息化业务，只需要重视碳基身份与硅基身份的绑定关系就够了。譬如，我们常见的各种应用系统的用户注册登录等属于比较单纯的碳基身份安全，遗憾的是，很多常规的应用系统与网络接入系统的身份安全都不够严谨，导致 DOS/DDoS 攻击得逞。对于一些敏感程度较高甚至更高的信息化业务，就需要同时确保碳基身份安全与硅基身份安全；否则，信息被窃取、篡改在所难免。

硅基身份安全的本质是硅基身份对应的公钥真实地对应碳基身份、不被篡改。令人遗憾的是，哪里有利益，哪里就有中间人攻击。幸好在各个行业中 CA 的首要任务就是服务硅基身份安全，目前 CA 体系的基础保护密钥基本上都是静态的，也许短期内的风险

第五章
多维并举：全面铸造平台安全基础

不大。随着量子计算技术的飞速发展，一个国家、一个领域的 CA 必须意识到风险会迅速到来，需要在核心技术、专业信息安全载体方面升级换代。

3. 密文安全是信息安全的落脚点

身份安全保障的是信息的归属性，密钥安全保障的是身份安全和密文安全的客观性与流动性。

密文安全主要体现在数据客观性上，具体包括一致性与完整性。一致性指的是密文从真实的源头来，到真实的归宿去，不可抵赖；完整性指的是密文的内容不被篡改、不被截取。

数字签名就是信息发方的私钥对发送的明文信息的哈希摘要加密，收方使用发方的公钥对哈希摘要密文还原，并与收到的解密出的明文在本地再次哈希出的摘要进行比对，如果相同，则说明通信内容的确来自发方且内容的完整性是正确的。如果这里的公私钥被中间人攻击的话，签名的正确性就有问题，因此，签名正确的前提是身份公私钥的安全有保障。目前，国内众多 CA 证书采用软证书，其安全隐患不可忽视，因为软证书没有办法保障身份公私钥不被中间人攻击或直接在信息终端截取、篡改！

上面提到的收方对签名信息的验证过程称为验签。值得注意的是，密文在网络中很容易被各种第三方拿到，如果不能在信息价值

存续期间将其解密，则密文安全就达到目的了。

当前，各种信息安全片面强调加密与解密本身，但无论是软件加解密还是硬件加解密都是不够的，因为加解密只是一个数据处理动作，保证密文在云管端的全程、全时安全才是根本目的。

二、主动信息安全与被动信息安全需要兼顾

主动信息安全以预防为主，可视为剑，随时待命斩杀来犯之敌；被动信息安全以防御为要，可视为盾，就地筑城修池抵挡不请之恶。

历史上华佗兄弟三人医术精湛，尤以华佗声名远扬，他曾用麻沸散救过魏文帝曹丕性命，深受曹丕器重。曹丕曾问华佗："你们家弟兄三人，都精于医术，天下闻名，如果分个伯仲，究竟谁的医术最高？"华佗回答："论医术高明程度，大哥最好，二哥次之，我最差。"曹丕十分纳闷，华佗解释道："大哥主要治未病，二哥主要治初病，而我主要治已病。未病不为人察觉发现都难，初病往往轻微分寸难以掌握，到了我这里通常病情严重甚至已入膏肓，不得不大动手术，看似有起死回生之能，实则是修墙挪瓦补漏而已。"

被动信息安全属于治已病，常见的被动信息安全措施包括杀毒、防火墙、安全网关、流量控制、负载均衡、态势分析与感知等。被动信息安全是整个信息安全不可或缺的重要组成部分，国内众多传统信息安全企业开发出了系列化的被动信息安全产品与解决方

第五章
多维并举：全面铸造平台安全基础

案，有代表性的企业包括华为、天融信、启明星辰、深信服、360、卫士通、信安世纪等。

主动信息安全的核心理念是"凡事预则立，不预则废"，聚焦治未病、治初病，尽量从源头避免已病的出现。考虑到工业互联网平台的重要性，因此，工业互联网平台安全要高度重视主动信息安全，从顶层设计到方案落实都要始终贯穿主动信息安全。从全球工业互联网安全解决方案来看，日本、欧洲和美国的诸多工业互联网安全方案都把主动信息安全放到首要的位置。国内从事主动信息安全技术与解决方案的企业还很少，有代表性的企业包括北京芯盾集团、国芯、宏思、晟元、万协通等。

主动信息安全的三要素为身份安全、密钥安全与密文安全，其中身份安全是入口，密钥安全是根基，密文安全是归宿。

身份安全着眼于保障数据的归属性正确，要求工业互联网平台每个组成要素的访问与管控都必须实施身份核验。这里的身份包括以人为代表的碳基身份和以设备或系统为代表的硅基身份。从信息交互与密码学的角度看，碳基身份与硅基身份在深层次上都可落实到身份公钥上，这也说明了密钥安全的基础地位。

密钥安全是主动信息安全最有挑战性的环节，包括密钥的生成、密钥的分发、密钥的使用、密钥的更新、密钥的销毁等涵盖整个密钥生命周期的管理与控制，其中尤以密钥的分发最难。当前众多涉密设备在投入使用前必须引入密钥发行环节，而且无一例外地

采用预置保护密钥或初始密钥的方法来实现密钥的静态分发,这是不得已而为之。随着大数据、云计算与人工智能的飞速发展,静态密钥分发的安全隐患日益突出,以静制动的密钥分发思路面临严峻挑战。随着量子计算的实际应用指向信息安全的攻防,密钥安全必须以变应变,尽早由静态分发过渡到动态分发。2016 年 8 月 16 日,"墨子号"量子科学试验卫星发射并成功实现天地之间密钥分发,这是中国在信息安全领域的重大科技成果,也开启了密钥动态分发的新征程。目前的量子密钥分发主要通过星地自由空间或全光纤有线线路完成。据中国量子卫星首席科学家潘建伟院士介绍,量子通信投入实际使用还需要 10~15 年的时间。量子密钥通信属于定点通信,而工业互联网的大量移动应用场景必然涉及密钥通信最后一公里问题,如果最后一公里密钥通信安全无法保障,则如同引入潜在的中间人攻击,无法实现密钥动态分发要求的端到端安全。我国部分企业在端到端的动态密钥分发研究领域进行了有益的尝试,取得了一定的成果,如北京芯盾集团开发的 DR4H 主动信息安全引擎已经服务于多个重大项目应用,同样也适用于工业互联网平台。

密钥安全还体现在密钥的真随机性和密钥的安全存储与使用,这就要求工业互联网平台安全是基于有独立安全硬件载体的安全,只有独立的安全硬件才能确保密钥产生的真随机性,所有软件算法产生的密钥都是伪随机的,其密钥的有效长度有限。可信计算的信

第五章
多维并举：全面铸造平台安全基础

任根是可信计算的安全基石，数据安全通信的会话密钥是密文安全的基石，除了真随机性必须保证，其存储与使用也必须保证不被恶意软件窃取与修改。目前，工业互联网平台安全重在身份管控与对已知威胁的防范，而对独立安全硬件，包括安全芯片、安全模块、安全引擎与安全服务器等的重视与应用还远远不够。

信息的安全风险存在于信息产生、流动与使用的整个过程。对于工业互联网平台而言，其涉及感知、终端处理、网络传输与平台管控等多个环节，只要一个环节有信息安全风险，就将波及其他关联环节。因此，不可单纯强调工业互联网平台自身的安全，必须要注重全程、全时安全，而且需要注重跨网、跨域安全。

三、工业互联网平台安全常用技术

1. 常用安全访问控制技术

在工业互联网场景中，访问控制属于身份安全的范畴，其主要目的是限制接入用户及设备对平台资源的访问，从而保障系统资源在授权范围内得以有效使用和管理。工业互联网平台支持各种异构设备和各类用户的接入，目前，已经发现的工业互联网平台的安全问题大部分集中在这个环节，这使平台的访问控制面临巨大的挑战。访问控制需要完成两个任务：一是识别和确认访问系统的用户或设备，即接入认证；二是对用户或设备可访问资源的类型进行检查，即访问权限控制。

访问控制原则重点体现在主体、客体、安全控制策略，以及三者之间的关系上，其通常遵循最小特权原则、最小泄露原则与多级安全策略。

访问控制类型主要包括自主访问控制、强制访问控制和基于角色的访问控制。自主访问控制通过执行基于系统实体身份及用户到系统资源的接入策略来确认授权机制；强制访问控制是系统强制主体服从的访问控制策略，由系统对用户所创建的对象，按照规定的规则控制用户权限及操作对象的访问，主要特征是对所有主体及其所控制的进程、文件、设备等客体实施强制访问控制。自主访问控制与强制访问控制通常结合使用。基于角色的访问控制指完成一项任务必须访问的资源及相应操作权限的集合。角色作为用户与权限的代理层，表示权限和用户的关系，所有的授权应该给予角色而不是直接给予用户或用户组。基于角色的访问控制支持三个著名的安全原则：最小权限原则、责任分离原则和数据抽象原则。基于角色的访问控制框架如图5-1所示。

访问控制机制采取措施检测和防止系统被未授权访问并对资源进行保护，是一种在文件系统中广泛应用的资源保护方法，其运行于系统的整个运行过程中，在操作系统的控制下，按照事先确定的规则来决定是否允许主体访问客体。

第五章
多维并举：全面铸造平台安全基础

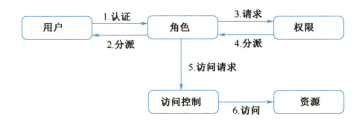

图 5-1 基于角色的访问控制框架

访问控制的安全策略是指在某个自治区域内，用于所有与安全相关活动的一套访问控制规则，包括基于身份的安全策略、基于规则的安全策略与综合访问控制策略。

接入认证主要包括平台用户认证和平台设备认证两类。平台用户认证是指对平台的使用者、开发者及应用的接入认证。平台设备认证是指对平台的组成设备及边缘设备的接入认证。与传统终端不同的是，边缘设备总量大、计算能力低，并具有突发性的网络接入特征。常见的认证技术包括 AAA、OAuth2.0、边缘设备接入认证技术与工业物联网接入认证技术。

AAA 是认证（Authentication）、授权（Authorization）和计费（Accounting）的简称，是网络安全中进行访问控制的一种常用的安全管理机制。AAA 一般采用 C/S（客户端/服务器）模式，其优点是结构简单、扩展性好，并且便于集中管理用户信息。

OAuth2.0 是开放平台类业务最常用的用户认证方式之一，特别适合 Web 服务及微服务的接入认证。如图 5-2 所示为 OAuth2.0 协议的实现流程。

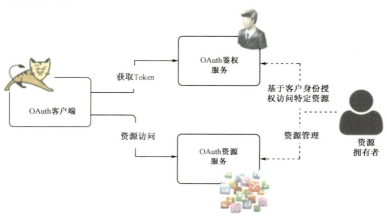

图 5-2　OAuth2.0 协议的实现流程

边缘设备接入认证技术主要包括 OPC UA 与 MQTT 技术框架，用于实现用户或应用与边缘层工控设备及物联网设备的通信交互。OPC UA 所依据的标准为 OPC 基金会联盟于 2006 年开发的 IEC 62541 标准，其用于重要的工业网络中不同系统之间的数据安全传输。OPC UA 统一架构提供了对用户鉴权、签名、通信加密等安全需求的原生支持，支持包括 X509 认证、OpenSSL 加密、账号/密码机制在内的多种属性配置用户访问权限。提供 OPC UA 通信能力的工业互联网平台，应有针对性地采用推荐安全策略，如选择配置安全的加密算法、限制匿名访问、配置专用的证书和密钥服务、提供合法的 CA 服务及可信的证书管理。MQTT 是一种 ISO 标准（ISO/IEC PRF 20922）下基于发布/订阅模式的消息协议。基于 TCP/IP 协议栈，MQTT 被设计为远程设备硬件性能低下或网络状况稳定性差等情况下的消息服务协议。MQTT 提供了多个层次的安全特性，提供了传输层的原生加密及 X.509 客户端证书端侧的身份认证，并在应用层提供了客户标识（Client Identifier）、用户名和密码，以及对设备的验证。

工业物联网接入认证技术主要是在工业互联网平台的物联网设备数量急剧增加，工业互联网边缘层愈发重要的情况下提出的。为确保工业互联网平台安全，需要研究和采用一些新型认证技术来解决海量并发场景下的接入认证性能问题。譬如，采用群组认证协议可以一次性认证一组设备，这在很大程度上降低了系统的计算、通信与存储成本。目前基于可逆 Hash 树的群组 AKA 协议方案就是一种群组认证协议。

2. 常用应用安全检测技术

工业应用安全涉及应用资源管理、认证鉴别、访问控制、应用容错、接口安全、应用安全审计等方面。因此，针对工业应用安全，应建立全链条的安全监管体系，覆盖工业应用的全生命周期。

应用安全检测技术主要包括代码安全审计技术与移动应用安全检测技术。

代码安全审计是根据现有的缺陷漏洞库，结合专业源代码扫描工具对目标系统的源代码进行扫描分析并发现问题的过程。其目的

是最大限度降低源代码出现安全漏洞的可能性，提高源代码的可靠性与安全性，加强应用系统自身安全防护能力。其通常由安全缺陷检测、安全审计、控制流分析、数据流分析、缺陷传播分析等组成。安全缺陷检测是对程序源代码中的安全缺陷问题与潜在漏洞的静态检测和分析；安全审计基于缺陷分析引擎和漏洞规则库进行词法分析、语法分析等来抽取目标价值信息；控制流分析是一种优化控制的初始手段；数据流分析用来获取数据如何沿着程序执行路径流动，通过静态代码来"推断"程序动态执行的相关信息，其并不真正执行程序；缺陷传播分析通过标记不信任的输入数据，静态跟踪程序运行过程中污点数据的传播路径，检测使用污点数据的不安全方式，主要用于检测敏感数据被改写造成的跨站脚本攻击、拒绝服务等安全问题。

移动应用安全检测技术针对越来越多的工业互联网平台支持接入移动应用的情况，实现工业生产中的远程运维管理、供应链管理、生产管理等功能。与 Web 或单机应用不同，移动应用运行在安卓或 iOS 环境，采用独立的开发框架，在设计、开发、迭代、上线、运行过程中都面临不同程度的安全风险。移动应该安全检测通常采用静态和动态检测相结合的方式来发现移动应用中的安全问题。以安卓平台应用为例，移动应用安全检测技术通常包括逆向分析技术、动态数据包检测技术、行为检测技术与动态沙箱检测技术。

第五章
多维并举：全面铸造平台安全基础

云安全技术：脊梁

工业互联网平台一般采用云计算架构设计，具有资源虚拟化、资源动态分配、基于微服务框架及分布式跨地域等特点。采用云计算技术实现的平台，必须考虑云平台面临的威胁。通常认为云平台存在的安全威胁包括数据破坏、数据丢失、账号或服务流量劫持、不安全的接口、DDoS 攻击、安全漏洞与内部人员恶意等。

在工业互联网平台场景下，除了面临传统安全领域的边界防护、安全认证、通信传输等安全问题，由于新技术的广泛引入，云计算环境还面临虚拟化安全、微服务安全等特有威胁。

工业互联网平台的云计算环境安全需求与通用云计算安全需求的差异主要来自边缘层设备的认证与访问控制，以及微服务安全和虚拟化安全。云计算各层面临的主要安全需求及威胁如表 5-1 所示。

表 5-1 云计算各层面临的主要安全需求及威胁

层级	安全需求	威胁
SaaS（应用层）	在多租客环境中的隐私保护 数据防泄露 访问控制 通信保护 软件安全 服务可用性 微服务安全	数据窃取 数据篡改 数据破坏 隐私泄露 假冒攻击 会话劫持 DPI
PaaS 和 IaaS	多租客访问控制 边缘层访问控制 应用安全 数据安全 云管理安全 安全镜像 虚拟化安全 微服务安全 容器安全 通信安全	编程缺陷 软件篡改 软件漏洞探测 假冒攻击 会话劫持 数据流分析 完整性破坏 DDoS 攻击 通信劫持

一、虚拟化安全不"虚"

虚拟化是云计算的核心技术之一,也是云计算区别于传统计算模式的主要特征。通过对物理资源虚拟化,不但能提升资源利用率,也使资源具有更多动态性,除此之外,其还可以根据用户需求,为用户提供弹性的计算资源。但是,虚拟化在带来众多性能优势的同时也产生了更多的安全问题,传统的、比较单一的安全防护手段已不能满足虚拟化安全的需求。

1. 虚拟化面临的主要安全威胁

1）虚拟机之间流量不可见

在虚拟化环境中，每台物理机上都承载着多台虚拟机，虚拟机之间的通信靠虚拟交换机进行，如果这些虚拟机属于不同用户，则会产生数据泄露或相互攻击的风险。传统的防护手段处于物理机的边缘，若一台物理机上的多台虚拟机发生通信，则这部分流量是无法被外部安全设备监控和保护的。

2）虚拟机之间共享资源竞争与冲突

在虚拟化环境中，多台虚拟机共享同一物理机资源，会产生资源竞争的风险。如果不能通过正确配置来限制单一虚拟机的可用资源，则可能造成个别虚拟机的恶意资源占用，从而导致其他虚拟机拒绝服务。另外，当同一物理机上的虚拟机同时进行大量占用物理资源的动作时，可能导致物理机资源耗尽，会造成业务中断。

3）云平台对虚拟机的控制

云平台是虚拟机的控制者，所以云平台自身的安全尤为重要。如果云平台组件遭到篡改或病毒感染，轻则云服务的运营受到影

响,重则导致用户数据泄露,虚拟机资源被非法用户控制。

4) 云数据安全存在风险

在云环境下,多租户共享存储资源,并且用户数据和系统数据共存,无法对重要数据进行强化保护,对不同用户存储的数据隔离不当会造成数据泄露的风险。

2. 虚拟化安全的集中管控

虚拟机通常缺乏完整的安全机制,例如,其只提供较弱的漏洞扫描机制、较弱的防 DDoS 机制,以及欠佳的审计,而没有防病毒方案等。此外,如何处置虚拟机内的数据丢失及如何对云中的多个虚拟化环境进行合理监控和管理也是亟待解决的问题。

云平台的安全出现问题,会导致大范围虚拟机故障,直接影响云平台的运营,因此,只考虑单个云计算虚拟化安全是不够的。同时,每台虚拟机或云服务器都需要部署相应的安全组件,如果只依赖运维人员手动配置,不但无法保证安全措施部署和更新的及时性,也大大增加了云平台的运维成本。因此,需要通过虚拟化集中管控平台来统一管理所有的虚拟机和安全组件。虚拟化集中管控平台框架如图 5-3 所示。

第五章
多维并举：全面铸造平台安全基础

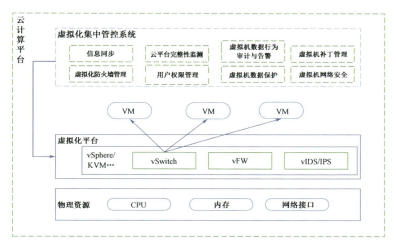

图 5-3 虚拟化集中管控平台框架

① 信息同步

虚拟化集中管控平台定时或按需自动同步虚拟化防火墙和云平台信息，为其他组件提供云平台、虚拟机的信息及状态变化，以便其及时了解云平台健康状况和虚拟化防火墙的状态。

② 云平台完整性监测

云平台组件安全是云平台稳定及云平台数据安全的基础，所以保障云平台的完整性至关重要。虚拟化集中管控平台可以通过云平台信息及状态对其完整性进行监控，及时发现系统平台、组件的变化并通知管理员，从而保证云平台的正常运行。

③ 虚拟机数据行为审计与告警

虚拟化防火墙只能保证单台虚拟机流量的安全性，无法判断虚拟机的数据异常行为，这时就需要虚拟化集中管控平台通过对虚拟化防火墙上传的流量日志进行审计，发现其中的流量异常，并将告警信息报告给管理人员，以保证用户信息不被其他未授权虚拟机或外部服务器窃取。

④ 虚拟机补丁管理

虚拟化集中管控平台应当包含补丁管理功能，以便修补虚拟机操作系统的漏洞。虚拟化集中管控平台需要根据预先设置的策略将运维人员测试过的系统补丁在适当时间下发，在尽量不影响业务运营的同时完成补丁更新，降低系统漏洞所带来的安全风险。

⑤ 虚拟化防火墙管理

虚拟化集中管控平台可以通过信息同步功能获取云平台中所有虚拟化防火墙信息，使运维人员能够通过 Web 界面对其状态进行监控，及时发现虚拟化防火墙的状态异常，并且支持策略配置及策略的集中下发，同时对迁移的虚拟机进行虚拟化防火墙迁移或安全策略迁移，从而降低运维成本。

⑥ 用户权限管理

由于云计算的租户多，为避免用户间越权访问，需要对用户的权限进行管理。虚拟化集中管控平台应该将用户划分为多种身份并为其分配权限，保证用户只能访问其所属的虚拟机，并根据用户需求对其子用户权限进行配置；管理员只能管理、监控其所管理的虚拟机，不能访问用户的虚拟机；同时，通过云平台同步信息对用户

第五章
多维并举：全面铸造平台安全基础

访问行为进行审计并对越权行为进行告警，保证用户虚拟机不被他人控制。

⑦ 虚拟机数据保护

如何保护虚拟机内的数据安全是业界的重点研究问题之一。可以考虑利用 Linux 自有安全机制 SELinux（Security-Enhanced Linux）中的虚拟化实例 sVirt，其为虚拟机提供的沙箱机制可以隔离不同的应用，防止各应用间因为相互访问导致的数据泄露；也可以考虑增加应用间访问控制机制，或者对虚拟机数据进行全部或选择性加密。

⑧ 虚拟机网络安全

为了保护虚拟机不被外部服务器、其他虚拟机攻击或病毒入侵，需要在服务器内部部署防火墙，或者将单独虚拟机作为可动态分配资源的虚拟化防火墙，通过流量重定向或流量复制等手段，将发送到目标虚拟机的流量转发或复制到所属虚拟化防火墙，以便进行流量分析，从而保证进入虚拟机的流量的安全性。

二、微服务安全不"微"

微服务技术已经逐渐成为平台向用户提供应用服务的主要技术架构，其主流运行环境包括 Spring Cloud 和 Kubernetes 等。在某些场景中，Kubernetes 也被作为一种 PaaS 技术来讨论，本书不着重

区分微服务与 Cloud Foundry 这类平台(服务系统)在架构上的异同，而重点关注不同技术应用过程中引入的安全问题与解决方案。微服务架构通过定义分布式特征来获得灵活性，系统中的服务能够以分布式方式独立开发和部署。从安全角度来讲，这种开放架构增大了攻击面，使安全防护变得更复杂，需要在多个位置执行安全保护。

微服务面临的关键安全风险包括 API 漏洞利用、跨容器或集群的越权访问、容器安全等，而保护微服务安全的一些常见技术包括边界访问控制、账号密码、双向 SSL、OAuth2.0 认证、OpenID Connect 等。

1. Kubernetes 的安全机制

集群的安全一般采用 API Server 的 Secret 机制等策略来进行认证授权、准入控制及保护敏感信息。其开发时常考虑的 7 项安全原则：保证容器与其所在宿主机的隔离；限制容器给基础设施及其他容器带来消极影响的能力；最小权限原则，合理限制所有组件的权限，确保组件只执行它被授权的行为，通过限制单个组件的能力来限制它所能达到的权限范围；明确组件间边界的划分；划分普通用户和管理员角色；在必要的时候允许将管理员权限赋给普通用户；允许拥有 Secret 数据（Keys、Certs、Passwords）的应用在集群中运行。同时，也可配合其他方法来实现最佳的安全效果，常见保障集

第五章
多维并举：全面铸造平台安全基础

群安全的方法如图 5-4 所示。

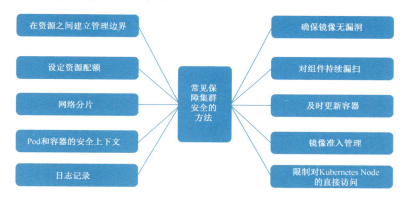

图 5-4 常见保障集群安全的方法

① 确保镜像无漏洞

检查运行中系统的所有组件，确保这些组件不存在已知漏洞，从而提高系统的安全性。

② 对组件持续漏扫

许多过期组件一般安全性低，容易存在一些已知漏洞，同时，新的漏洞层出不穷，因此，为了保证组件的相对安全，持续的漏扫必不可少。

③ 及时更新容器

一旦发现运行容器的安全漏洞，就该对源镜像进行更新并部署。为了避免破坏镜像和容器的继承性，应通过 Kubernetes 的滚动更新功能为运行中的应用更新镜像。

④ 镜像准入管理

有效管理镜像的准入，将安全的镜像保存在私库中，是保证环境安全的重要手段之一。另外，还要避免大量未确认的公开镜像进入环境，并在持续构建流程中加入漏洞扫描的环节。持续集成管线要控制门槛，只允许使用已确认的代码进行镜像构建。镜像构建成功后，首先要进行漏洞扫描，确认安全后才能将其推入私库，再进行之后的操作。如果过程中发现问题，应该中断构建过程，从而阻止有安全质量问题的镜像进入私库。

⑤ 限制对 Kubernetes Node 的直接访问

对 Kubernetes Node 的 SSH 访问会降低主机的安全性。应该让用户尽量使用 kubectl exec，这一命令提供对容器环境的直接访问，而不需要接触宿主机。还可以使用 Kubernetes 的 Authorization Plugins 来对用户的资源访问进行进一步控制，这一插件允许定义对命名空间、容器及操作的基于角色的访问控制。

⑥ 在资源之间建立管理边界

限制用户权限能有效降低操作出错和异常入侵造成的危害。可使用 Kubernetes 命名空间将资源分割为不同名称的群组。不同命名空间之间资源相对独立，资源互相不可见。可使用 Kubernetes Authorization 插件来创建策略，使不同用户只能访问各自的命名空间和对应的资源。

⑦ 设定资源配额

所有的 Kubernetes 集群资源都可以不受限地访问 CPU 和内存。可以为命名空间创建配额策略，从而限制 Pod 的 CPU 和内存消费。

⑧ 网络分片

Kubernetes 的自动防火墙规则功能可以阻止跨集群的通信。使用 SDN 或防火墙能够达到类似的效果。可通过增强 Pod 之间的通信策略限制容器应用的互相访问，从而将容器可以访问的范围限定在给定条件之下。

⑨ Pod 和容器的安全上下文

设计容器和 Pod 时，可通过上下文控制 Pod、Container、Volume 的安全参数，如 runAsNonRoot、Capabilities、readOnlyRootFilesystem。

⑩ 日志记录

Kubernetes 支持集群级别的日志，将日志集中收集到中央服务器，确保日志的保存期限，以便日后查看。

2. Spring Cloud 的安全机制

Spring Cloud 是一种重要的微服务架构。Spring Cloud 微服务登录方式为单点登录，即在微服务多独立服务的架构下，用户只需要登录一次就能访问所有相互信任的应用系统。微服务架构下用户的每次请求都需要鉴权，因此，需要重点考虑认证平台鉴权服务的性能瓶颈。每个组件的功能权限需要自行管理和规划。Spring Cloud

微服务框架如图 5-5 所示。

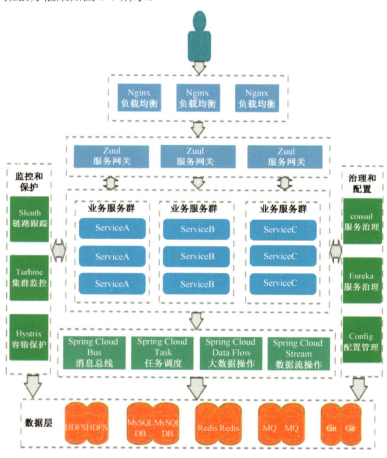

图 5-5 Spring Cloud 微服务框架

Spring Cloud 安全特性通常包括基于 OAuth2.0 和 OpenID 协议可配置的 SSO 登录机制；基于 tokens 保障资源访问安全；引入 UAA

鉴权服务，实现了 OAuth2.0 授权框架和基于 JWT 令牌的认证。

1) JWT 协议

JWT 是一种认证协议，其流程是服务器首先验证用户提交上来的用户名和密码的合法性，如果验证成功，则产生并向用户返回一个 token，用户可以使用这个 token 访问服务器上受保护的资源。在 Spring Cloud 环境中，JWT 可用于在各方之间传播其中一方的身份，通过非安全通道在各方之间实现安全的数据传输。在安全验证机制中，每项微服务都需要拥有自己的证书。JWT 的优势在于可同时携带最终用户身份及上游服务身份，从而为微服务之间的安全互访提供了便利。

2) OAuth2.0

最终用户及第三方应用对微服务的访问应当在边界或 API 网关处进行验证。目前最为常见的 API 安全保护模式为 OAuth2.0。Spring Cloud 可以使用 OAuth2.0 来实现多个微服务的统一认证授权，通过向 OAuth2.0 服务进行集中认证和授权，获得 access_token。这个 token 是受其他微服务信任的，在后续的访问中传递 access_token，可实现微服务的统一认证授权。

OAuth2.0 是一套作为访问代表的框架，它允许某方对另一方进行某种操作。OAuth2.0 引入了一系列 grant type，其中之一用于解释协议，客户端可利用此协议获取资源拥有方的许可，从而代表拥

有方进行资源访问。另外，还有部分 grant type 可解释用于获取令牌的协议，并且整个操作完全等同于由资源拥有方执行，即该客户在这种情况下相当于资源拥有方。

3) 授权规划

授权规划属于一项业务功能。每项微服务可以决定使用何种标准来允许各项访问操作。从简单的授权角度来讲，授权检查可以检查特定用户或应用是否向特定资源执行了特定操作。将操作与资源结合，就构成了权限。授权检查会评估特定用户是否具备访问特定资源的最低必要权限集合。该资源可对能够访问的主体进行限制，限定其在访问中可具体执行的操作。在工业互联网平台中，最主要的三种授权是数据、资源及设备控制授权，需要根据签约用户类型进行详细的设计规划。

Spring Cloud 的安全特性可以总结为三点：一是基于 UAA，使用 OAuth2.0 协议，不会暴露用户的敏感信息；二是基于认证类型和认证范围实现细粒度的鉴权机制；三是由于其服务的独立性，对非浏览器客户端也可提供良好的操作性，适合提供复杂环境下的服务。

3. 容器安全

容器技术在工业互联网平台中也已经广泛应用，容器可能面临

第五章
多维并举：全面铸造平台安全基础

的安全风险和可信性在开发阶段就应予以关注，进而延伸至容器运行过程中实时的威胁防护和访问控制。

容器安全解决方案需要考虑不同技术栈和容器生命周期的不同阶段，从而为容器镜像来源、容器构建过程、容器编排、网络隔离及平台安全管理各个阶段提供方案。

1) 容器操作系统与多租户

容器是隔离和约束资源的 Linux 进程，能够在共享宿主内核中运行沙盒应用程序。保护容器的方法应该与确保 Linux 上任何正在运行的进程的安全方法相同。容器应该作为普通用户，而不是 root 用户运行。同时，利用 Linux 中可用的多种级别的安全特性来确保容器的安全，如 Linux namespace、SELinux、cgroups、capabilities 和安全计算模式 seccomp。

2) 容器来源、注册、构建和签名

管理员在导入上线容器镜像前，需要确保容器的来源和安全性。最好选择一个私有的、存储使用容器镜像自动化策略的注册服务器来管理公共镜像。坚持"一次构建，全部到位"的理念，确保构建过程中的产品正是生产中部署的产品。这一点对于维护容器持续稳定也非常重要，换句话说，不要为运行的容器打补丁，而应该重新构建、重新部署。另外，对定制的容器签名可以确保它们在构建和部署环节间不会被篡改。

3) 容器平台安全

在容器中部署微服务应用，通常意味着多容器部署，有时在同一主机上，有时分布在多个主机或节点，必须从微服务平台提供完善的访问控制编排。例如，编排管理服务器是访问的中心点，应该得到最高级别的安全检查。API 是大规模自动化容器管理的关键，用于验证和配置容器、服务及复制控制器的数据；对传入的请求执行项目验证；调用其他主要系统组件上的触发器等。

4) 网络隔离

为了实现多租户容器安全，需要容器平台将流量分段，以隔离该集群中的不同用户、团队、应用程序和环境。通过网络命名空间，每个容器集合可获得自己的 IP 和端口绑定范围，从而在节点上实现网络隔离。在默认情况下，来自不同命名空间的项目不能将包发送到其他项目，其首选的工具是采用支持软件定义网络（SDN）的容器平台。

5) CloudFoundry 提供的容器安全机制

CloudFoundry（CF）是主流工业互联网平台采用的 PaaS 架构，提供了原生关键安全组件及安全实践方案。CF 通过命名空间来实现容器隔离，允许设置预期的隔离级别以防止存在于同一主机上的多个容器相互探测。每个容器都包含一个私有根文件系统，其包括进程 ID（PID）、网络命名空间和镜像命名空间。CF 使用 Garden Rootfs（GrootFS）工具在通用文件系统上创建容器文件系统，包括只读基本文件系统和为特定容器提供的读写层。此外，CF 还提供 UAA、段隔离等一系列机制以提供容器运行环境的安全性。

大数据安全技术：脉络

工业互联网平台通常提供工业大数据的产生、存储、访问、分析处理、共享等数据业务，典型的工业互联网平台通常提供开源的大数据计算系统架构和能力，并向用户提供能力开放。其所涉及的敏感数据包括工业设计、生产、交付、流通等各个环节的业务数据，以及实体信息类的隐私数据，如个人身份数据等。因此，数据安全是工业互联网平台安全的重要组成部分。

工业大数据主要分为三类：

一是生产经营相关业务数据。这部分数据主要产生于企业信息系统内部，包括工业制造类软件、企业资源管理（ERP）、产品生命周期管理（PLM）、供应链管理（SCM）、客户关系管理等。这些企业信息系统积累了大量产品研发数据、生产性数据、经营性数据、客户信息数据、物流供应数据及环境数据等。

第五章
多维并举：全面铸造平台安全基础

二是设备物联数据。设备物联数据主要指工业生产设备和目标产品在运行工作中实时产生的数据，包括操作和运行情况、工作状况、环境参数等体现设备与产品运行状态的数据。

三是外部数据。外部数据指与工业企业生产活动和产品相关的企业外部互联网来源数据。

常见的工业大数据如图 5-6 所示。

图 5-6　常见的工业大数据

下面主要研究如何构建围绕工业大数据全生命周期的可管、可控、可信的数据安全体系。工业大数据安全监控参考架构如图 5-7 所示。

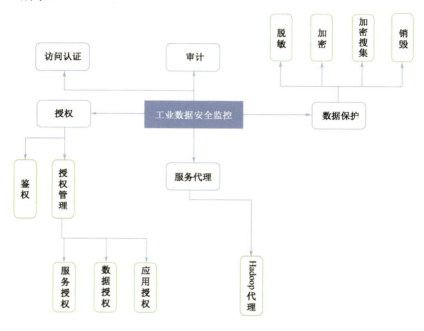

图 5-7　工业大数据安全监控参考架构

一、数据安全："循规蹈矩"

近年来，各国针对数据安全防护频繁出台法律法规，明确规定网络业务运营方在数据处理过程中的数据安全防护责任，要求通过各种技术保障数据的完整性、机密性、可用性。

第五章
多维并举：全面铸造平台安全基础

2012年6月，英国政府发布了《开放数据白皮书》，并专门针对个人隐私保护制定了《个人隐私影响评估手册》。2014年，美国颁布了《国家网络安全保护法案》与《网络安全信息共享法案》，以积极应对日益凸显的大数据安全问题。2015年4月，日本审议了《个人信息保护法》和《个人号码法》修正案，以推动并规范大数据安全应用。2018年5月25日，欧盟的《通用数据保护条例》（GDPR）全面实施。

自2017年6月1日起，我国正式施行《网络安全法》，对网络业务运营主体承担数据保护责任提出了明确的要求。2018年5月1日，《信息安全技术 个人信息安全规范》（GB/T 35273—2017）正式实施，对运营单位在处理个人信息数据时所需采用的安全防护技术和管理机制提出了具体的要求。

工业互联网平台作为工业大数据生产和处理的主要场景，需要在数据的全生命周期内保证数据的安全性，包括数据产生、传输、存储、使用、迁移、销毁、备份和恢复各个阶段的安全。平台运营机构，尤其是国际化机构，需要在保障业务安全的基础上，关注世界各国颁布的数据合规性要求，牢牢守住红线。

二、数据存储安全：趋利避害

工业互联网平台普遍采用云存储技术，以多副本、多节点、分

布式的形式存储各类数据。数据的集中存储使非法入侵和数据泄露的风险剧增。因此，如何保障大数据存储安全一直是当下重点研究的问题。当前，数据存储安全研究方向主要集中在数据加密与磁盘存储、数据的完整性审计及密文数据去重与检索等方面。

1. 数据加密与磁盘存储

数据加密是保障大数据存储安全最重要的方法之一。当前，市场上主要使用的是国家商用密码局制定的 SSF33、SM1、SM2、SM3、SM4、SM7、SM9 等应用标准，其首先对大数据进行加密，然后处理、存储。加密技术虽然安全，但是对于海量数据来说，加解密操作使处理速度变慢，这为数据加密技术在大数据存储安全中的应用带来了一定的阻碍。

磁盘存储数据安全方案除了包括防止磁盘数据被非法篡改与数据泄露等方面，还包括自存储安全解决方案、网络安全硬盘、安全云盘及分布式存储系统安全等。可信固态硬盘技术依靠提供安全协议和安全存储接口等功能来保证数据的机密性，并根据用户的权限来控制用户可以访问数据的范围，从而提高数据存储安全性。

2. 数据的完整性审计

云存储的安全离不开数据的完整性审计，这是一种用于用户

第五章
多维并举：全面铸造平台安全基础

（或审计者）验证其存储于云端的数据是否完整的技术。完整性审计的主要机制包括可证明数据可恢复（Proof of Retrievability，PoR）和可证明数据持有（Provable Data Possession，PDP）两种。这两个机制的原理都基于审计方与云服务器通过"挑战-响应"协议来验证数据的准确性或可恢复性。

3. 密文数据去重与检索

云存储服务虽然便利，但服务器中存在大量的冗余数据，这些冗余数据在一定程度上限制了云存储的发展。若重复的数据在物理存储空间中仅出现一次，则不仅可以使存储成本降低很多，还能提升存储空间的利用率和客户访问的效率。

加密技术与去重技术对云存储都极为重要，但是传统上两者兼容性较差。为了解决这种兼容性问题，有人提出了更高效的收敛加密技术。这种方法通过将文件的哈希值作为其加密密钥，用户不进行通信也能得到同样的密钥，从而实现密文去重。

密文数据与明文数据不同，对密文数据的检索不能简单地照抄传统明文数据的检索方式。加密会破坏数据原有的状态，使高效的检索变得比较困难，效率低下的密文检索是推广云计算平台的阻碍。密文数据检索中常用的检索方式有关键词检索、模糊关键词检索、多关键词检索等。

三、数据使用与开放安全：硬币的两面

在大数据使用、查询及访问过程中，严格的权限设置能在很大程度上防止非法访问，从而避免数据泄露事件。在数据共享开放的过程中，数据将被多个部门或个体跨地域使用，其中任何一个使用方防护措施出现安全问题，都有可能导致数据泄露。因此，在保障数据安全的过程中，需要运用安全访问控制、隐私保护策略和数据共享安全等技术手段。

1. 大数据安全访问控制

访问控制是实现数据安全共享的重要技术手段，大数据应用的诸多新特征使传统访问控制技术在授权管理、实施架构、策略描述等方面都面临挑战。大数据背景下的访问控制表现出多种访问控制技术融合化、判定结果模糊化或不确定化、判定依据多元化的新特点，这些新特点促进了大数据访问控制技术的发展，使隐私保护的访问控制、风险的访问控制、世系数据相关的访问控制、半/非结构化数据的访问控制、基于密码学的访问控制、基于角色的访问控制等技术在大数据场景中得以创新发展，这些多元化技术融合的访问控制对复杂的大数据访问控制需求起了极大的支撑作用。

2. 大数据共享安全

工业数据在产业链上下游的共享使用，是大数据核心价值的重要体现。

在大数据共享安全方面，产业界已经尝试运用各类技术手段来保障数据安全，如基于数字水印技术的数据安全共享方法、基于属性加密技术分离访问权和修改权等。特别是在数据跨境共享使用时，需要根据业务对数据进行分类分级，采取相应的访问控制措施，并对跨境数据访问行为进行监测管理。

3. 大数据隐私保护

随着人们对隐私保护意识的增加，隐私保护成为大数据安全研究中的一个重要方向。数据在使用中的处理失当可能造成用户隐私泄露，这会对用户造成伤害或损失，所以从法律上讲，用户有权决定自己的信息如何被利用。在工业互联网环境下，隐私信息包括智能家居设备、个人网连终端、工业移动应用等涉及的个人数据、位置隐私数据等。

从管理角度来看，工业互联网平台运营主体应建立隐私信息保护模型以保护隐私数据不被泄露，可参考的模型如面向动态连续数据发布的隐私保护模型、面向静态数据的隐私保护模型、数据生命周期保护模型等。

另外，可采取数据匿名化方法（数据脱敏）删除敏感数据，保护用户隐私。传统的匿名化方法包括 k-Anonymity、t-Closeness 和 l-Diversity 等。虽然匿名化方法能在一定程度上保护隐私数据，但若匿名化程度不够，攻击者可能通过技术手段获取关联信息，进而推测用户隐私，导致用户隐私面临极大的泄露风险。

四、数据安全销毁或删除："大雪无痕"

数据生命周期的最后一个环节是数据的安全销毁及删除，如果要删除存储的数据，应该使用技术手段实现彻底删除；否则，这些数据一旦被非法或违规恢复，很可能会导致用户的隐私泄露。传统的数据物理删除的原理是采用物理介质全覆盖，用新数据来覆盖旧数据，旧数据本身并未被彻底删除。在云环境下，用户没有对数据物理存储介质的控制权，不能保证数据存储副本也同时被删除，所以传统的方法并不能解决因删除数据被恢复而导致的数据泄露问题。

现有两种方法可以解决上述问题：安全覆写方法和密码学删除方法。

① 安全覆写方法

安全覆写方法是一种物理删除数据的方法，它的原理是先破坏后删除，从而使得用户数据无法恢复，进而实现可靠的数据删除。常用的安全覆写方法包括 Peter Gutmann 算法、布鲁斯算法等，可

第五章
多维并举：全面铸造平台安全基础

根据实际的性能需求进行选择。

② 密码学删除方法

密码学删除方法是一种高级删除方法，是适合于云环境下数据销毁的方法。服务器先对用户上传的数据进行加密操作，然后进行存储，并将用户所有数据文件的密钥按树形结构组织，把主密钥保存在物理安全的存储介质中，把其他数据和加密的密钥树保存在一般存储介质中。当数据被删除时，第一步删除被加密密文的密钥，这样即使密文被泄露，但由于缺乏密钥，也能确保用户存储在云端的数据得到安全删除。此外，为了实现对每个数据文件的可操作性，每个数据的密钥应该独立选择，并在本地保留尽量少的主密钥，其他密钥通过主密钥加密方式存储在服务器中。

边缘计算安全技术：前沿

边缘计算产业联盟（Edge Computing Consortium，ECC）将边缘计算定义为"在靠近物或数据源头的网络边缘侧，融合网络、计算、存储、应用核心能力的分布式开放平台"。这种平台能够通过边缘智能服务，实现对行业数字化需求的有效满足，包括应用智能、实时业务、数据优化、敏捷连接及安全保障与隐私保护等。作为连接物理世界与数字世界的桥梁，边缘计算在促进智能系统、智能网关、智能资产及智能服务应用与发展方面能够发挥重要作用。

作为工业互联网平台的重要组成部分，边缘计算资源与工业互联网平台数据收集和管理能力、平台功能实现和平台服务提供均紧密相关。边缘计算层处于工业互联网边缘，涵盖大量的边缘节点，具体包括车辆、手机等提供资源的移动设备，以及基站、网关、路

第五章
多维并举：全面铸造平台安全基础

由器等多种网络设备。在网络连接的任何地方，如电线杆顶部、车辆内部、工厂地面和智能电话等，都可以部署边缘节点。这些边缘节点的功能是计算、传输及临时存储接收到的感知数据。边缘计算层的主要功能是进行数据缓存、本地计算及网络接入，能够定期向云层发送数据，进而满足终端设备的高流量、低时延需要。

边缘计算设备具有数量众多、分布广泛的特点，与此同时，从部署和应用环境来看，涵盖边缘计算的工业互联网要比传统意义上的互联网更为复杂，并且大多数边缘计算应用未能在设计伊始就充分考虑可能存在或面临的安全风险，适用于互联网环境的传统安全防护策略与手段已经无法满足工业互联网环境下的边缘计算安全需要，这一切使得边缘计算安全防护面临巨大困难。

从边缘计算所处的网络环境来看，由于处于网络边缘层，接入环境的异构性与业务应用需求的多样性均增加了边缘节点部署的网络环境的复杂度。在这种情况下，边缘计算网络面临来自云端网络攻击和源自用户侧网络攻击的"双重威胁"，而传统的针对互联网环境的网络安全技术对这种分层次、跨地域、多来源的攻击方式难以有效发挥作用。

从边缘计算设备数量与分布特点来看，边缘计算设备数量巨大，设备所处位置较为分散，并且设备所处环境十分复杂，加之许多边缘计算设备采用的是计算能力较弱的嵌入式芯片系统，难以有效保护自身安全。因此，提供能够满足异构性、轻量级、分布式且适用于边缘计算的安全防护技术和部署方案,是保障工业互联网平台安全的一项重要课题。

边缘计算架构的安全设计和安全保护要综合考虑两个方面:一是传统安全在边缘计算中的实现,需要适配边缘计算的特定架构,需要能够灵活部署和扩展,并具备一定的抗网络攻击能力,同时容错能力高,兼具高可用性及故障恢复能力;二是边缘计算广泛应用于 IoT 系统中,基于 IoT 设备特点,在安全设计上需要考虑其特定的安全需求。例如,可以考虑轻量化安全功能,确保在硬件条件受限的 IoT 设备中能够实现安全功能模块的部署;在大量异构设备的接入过程中,可以考虑依据最小授权原则对安全模型进行重新设计(如建立白名单);在关键的节点设备(如智能网关)实现网络与域的隔离,对安全攻击和风险范围进行控制,避免攻击由点扩展到面;充分考虑网络安全态势感知功能模块在边缘计算架构中的无缝嵌入,从而实现持续性网络安全监测与事件处置响应。

边缘计算与工业互联网平台所面临的威胁存在差异,但同时也存在明显的关联,具体表现在:其一,双方共同使用包括网络基础架构、服务器等在内的云端资产;其二,需要考虑边缘设备的数量、互操作性、移动性和位置感知等其他特征,在某些场景下,仍需要通过平台实现对边缘计算资源的接入认证与访问管理,以及其他集中化的安全管理,边缘计算安全框架如图 5-8 所示。

第五章
多维并举：全面铸造平台安全基础

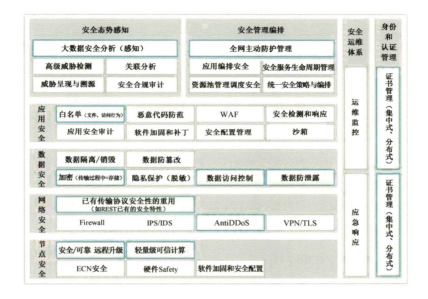

图 5-8 边缘计算安全框架

图 5-8 展示了边缘计算总体安全需求，其中，边缘计算安全需要考虑节点运算能力、终端的可信性、硬件安全及远程的软件和固件配置。

在数据安全层面，边缘计算安全与传统安全存在较大差异，主要体现在数据全生命周期的各个过程由集中化或集中式的分布式平台处理演变为分散的边缘节点处理，因此，对于节点级别的防泄露、防篡改、隐私数据保护和加密传输更加重要。

应用安全面临的主要威胁来自分布式部署造成的安全监测与响应的延迟，需要通过持续的安全迭代措施为边缘侧应用提

供防护能力。

从围绕边缘计算安全的相关研究来看,访问控制、数据安全和隐私保护是当前研究的主要热点。

一、边缘计算的访问控制

边缘计算访问控制在实际应用中访问控制策略混杂冲突、计算量大、模型复杂,导致系统工作效率低、性能差、服务时延长、重写参数困难等。

在边缘计算环境下,由于边缘计算中设备异构性强、网络环境复杂,密钥管理呈现复杂度高、通信开销大等特点,现有成熟的网络密钥管理方案并不适合边缘计算环境。此外,由于传统的密钥管理方案不具备较好的扩展性能,在实现方法上难以做到轻量级,无法满足边缘计算网络在扩展性能、资源共享及虚拟化等方面的需要。

设计边缘计算专有密钥管理方案,需要在保证网络数据安全的基础上,主要考虑低能耗的实现,最大限度地降低密钥管理时的计算、存储及通信开销。与此同时,在确保网络安全的情况下,开发设计具有高扩展性、低成本投入且与分布式网络相适应的密钥管理方案,已成为保护边缘计算网络安全的重要任务。

二、边缘计算的数据安全和隐私保护

在边缘层,像移动终端这样的大量便携设备被纳入服务计算中,智能负载均衡和移动数据存储得到了有效实现,并且降低了管理成本。但与此同时,这也极大地增加了接入设备的复杂度,由于移动终端的资源受限,其所能承载的数据存储计算能力和安全算法执行能力存在一定的局限性。具体来说,从数据安全和隐私保护方面来看,边缘计算面临四项新挑战,如图 5-9 所示。

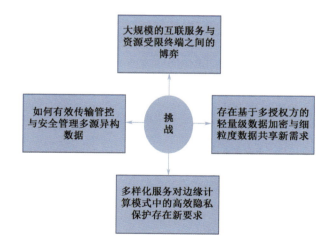

图 5-9 边缘计算面临的四项新挑战

边缘计算面临的四项新挑战具体体现在如下方面:

第一,边缘计算中存在基于多授权方的轻量级数据加密与细粒度数据共享新需求。从边缘计算的计算模式来看，它融合了以授权实体为信任中心的多信任域共存模式，从而使传统意义上的数据加密与共享策略难以发挥作用。因此，设计针对多授权中心的数据加密方法显得尤为重要，同时还需要考虑降低算法复杂度等问题的解决办法。

第二，在分布式计算环境中实现多源异构数据的有效传输管控与安全管理。随着大数据时代的发展，网络边缘设备中产生的数据信息量急剧增加。数据所有方或用户期待采取切实有效的数据管控方式与数据访问机制来确保数据的安全授权、收集、传输与获取。此外，由于数据的外包特性，其所有权和控制权相互分离，合理有效的审计验证方案才能保证数据的完整性。

第三，边缘计算中大规模的互联服务与资源受限终端之间的博弈。边缘计算中多源数据融合、异构网络叠加及边缘终端在存储、计算和电池容量等方面的资源限制，使传统安全中较为复杂的加密算法、访问控制措施、身份认证协议和隐私保护方法在边缘计算中无法适用。

第四，面向万物互联的多样化服务对边缘计算模式中的高效隐私保护存在新要求。网络边缘设备产生的海量数据可能大量涉及个人隐私，除了需要重新设计有效的数据、位置和隐私信息保护方案，还要充分考虑如何将传统意义上的隐私保护策略与方案同边缘计算环境下的数据处理有效结合起来，从而实现对多样化服务环境的

第五章
多维并举：全面铸造平台安全基础

有效保护，因此，基于边缘计算环境的用户隐私保护日趋成为一个关键研究课题。

边缘计算中数据安全的主要研究思路是将其他计算范式下的数据安全方案移植到边缘计算范式中，并与边缘计算中的并行分布式架构、终端资源受限、海量边缘数据、高度动态环境等特性进行有机结合，最终实现轻量级、分布式的数据安全防护体系。

综上所述，尽管边缘计算在应用上的确具有巨大的潜力和优势，但从目前来看，对边缘计算安全问题的研究尚不深入，边缘计算的应用发展还面临诸多安全挑战。为了有效利用终端设备有限的资源，以及保护终端用户的数据安全性，需要建立适应边缘计算环境的防御模型。

第六章

防护固本：构筑平台安全的"铜墙铁壁"

随着《关于深化"互联网+先进制造业"发展工业互联网的指导意见》《工业互联网发展行动计划（2018—2020年）》等国家战略规划的出台，工业互联网作为推动工业经济转型发展的新型网络基础设施的作用被广泛知晓，并将极大地促进工作互联网的发展。工业互联网平台作为工业互联网的核心，是面向制造业数字化、网络化、智能化需求，构建基于海量工业数据采集、汇聚、分析的服务体系，支撑工业资源泛在连接、弹性供给、高效配置的开放式工业云平台。在工业互联网平台推进生产过程智能化、柔性化、协同化的同时，IT 和 OT 的融合打破了传统安全可信的控制环境，平台安全边界变得模糊，遭受攻击的可能性不断增大，互联网和工业控制网络的威胁对平台构成了"双向挤压"，这就迫切需要建立一套完善的一体化平台安全防护体系来应对安全风险。

工业互联网平台由边缘层、工业 IaaS 层、工业 PaaS 层和 SaaS 层组成。各层均存在一定的安全隐患，其中，边缘层（边缘接入）防护是平台安全的"边防"，工业 IaaS 层（云基础设施）防护是平台安全的基础，工业 PaaS 层（平台操作系统）防护是平台安全的核心，SaaS 层防护是平台安全的关键，只有防护固本、多措并举，才能构筑起工业互联网平台安全的"铜墙铁壁"。

接入安全：平台安全的"边防"

边缘层处于工业互联网平台底层，作为整个平台的基础，主要实现设备接入、协议解析、边缘数据处理等功能。随着各类智能设备接入需求的增长，边缘层需具备提供实现工业互联网场景各类现场设备接入的能力。然而，越来越开放的接入使工控系统、联网设备及工业互联网平台容易遭受入侵，给工业环境带来巨大的威胁。

一、边缘层防什么

工业互联网平台会接入各种各样的智能设备，难免存在非法接入、非法控制、窃听设备植入等安全问题，一旦这些智能设备被攻击，攻击者可以利用智能设备作为跳板对工业互联网平台系统进行攻击。工业互联网的边缘设备存在诸多不可信问题，包括：

第六章
防护固本：构筑平台安全的"铜墙铁壁"

（1）分散安装在户外、易被接触又未被纳入安全管理的设备，存在遭受物理攻击、篡改和仿冒等安全风险；

（2）不可信的设备驱动，可能会泄密和被控制；

（3）过时的操作系统或软件，无法及时修复漏洞；

（4）成本、终端资源、计算能力等方面的限制，使防病毒等传统的保护手段和高安全技术可能无法应用；

（5）无线协议本身缺陷（如缺乏有效认证）可能导致接入侧信息泄密；

（6）封闭的工业应用和协议无法被安全设备识别，被篡改和入侵后无法及时发现；

（7）未加密的通信过程容易发生劫持、重放、篡改和窃听等"中间人攻击"；

（8）由于通信网络 IP 化转型，设备采集到的数据面临 IP 体系的安全问题。

工业互联网平台是与实际生产直接关联的，海量边缘层接入设备使得平台安全问题愈发严峻，接入安全不仅事关商业利益，更有可能影响到国计民生的方方面面，研究并提出相应的边缘设备安全保护策略，构建工业互联网边缘设备安全可靠的环境刻不容缓。

二、边缘设备访问控制怎么防

边缘设备访问控制包含两个相关概念：身份验证和授权。身份验证是通过验证用户的凭据来验证其身份的。授权是根据用户角色分配访问权限的。授权能够确定经过身份验证的用户是否可以访问特定资源，授权基于身份验证。凭据可用于各种目的：认证、识别和授权。认证所需的凭据保密部分必须受到保护。

1. 边缘设备认证

通过边缘设备认证或远程设备的身份验证建立信任的过程，分为几个步骤。

首先，需证明设备拥有进行身份验证所必需的证书。

其次，对凭据数据实际值的正确性进行评价。

最后，对证书的有效性进行测试，确保凭据未被暂停、撤销或过期。

建议采取如下措施来进行边缘层设备安全认证。

1) 采用基于可信硬件的身份证书

采取什么类型的凭据进行认证，证书该如何存储，以及采用何种认证技术来实现不同层次的实体身份认证是该过程需要重点关注的问题。一般来讲，可采用加密证书，并且保存在可信硬件上。接入工业互联网平台的终端或设备，应支持以安全芯片或安全固件等硬件级部件作为系统信任根，支持基于硬件级部件的唯一标识符，硬件安全部件载有的证书可代表该设备身份，为平台及上层应用提供拥有硬件标识的身份证书。

2）使用多因素身份验证

在可能的情况下，双向认证优于单向认证，建议在关键设备尽可能使用多因素身份验证。对于远程设备而言，则建议应用更安全的协议，以提高远程设备身份认证的可信度。

3）应用更安全的协议

尽可能验证远程设备的身份。此外，在限制凭据资料暴露的同时，证书认证应该是设备之间创建连接过程的一部分。例如，在建立传输层安全（TLS）隧道之前通过 Kerberos 实现相互认证。

4）对认证信任度进行评估

作为通信认证过程的一部分，应该对认证信任度进行评估，可能需要验证所使用的加密算法的强度、设备微控制器处理硬件的能力及凭据资料的存储的证据等，以评估授予成功认证交易的信任级别。

2. 边缘设备通信授权

边缘设备之间的所有通信不仅需要身份验证，还需要授权。应评估工业互联网环境中的每个连接尝试，以确定其是否符合通信安全策略，任何此类违规都必须生成事件通知。

连接的授权涉及通信端口、协议、应用程序、库和进程等内容，可以在设备或网络上实施授权。基于更多关联信息确定通信的性质，有助于授权决定能够更准确。

3. 边缘设备完整性保护

测量设备启动过程可以验证其完整性，鉴于在 OT 环境中长时间不会重新启动设备，还应实现运行时的静态和动态完整性验证。身份资料必须在信任根中妥善保护，以保持其完整性，另外，还必须不定期监视和维护数据完整性，包括静态数据和动态数据。

三、边缘设备数据安全怎么做

在实践中，可以同时应用多种数据保护技术，确保数据安全。

第六章
防护固本:构筑平台安全的"铜墙铁壁"

1. 数据保密

数据机密性是指,确保未向非授权方披露信息。加密技术是保证数据机密性的关键技术,可以使未授权实体无法理解加密数据。数据机密性通常由法规规定,特别是当记录的隐私很重要或记录包含个人身份信息时。

记录中的某些字段可能为机密性的"敏感数据",而其他字段需要应用程序进行处理。在这种情况下,数据标记化可以替代敏感字段,或者可以修改该值,从而保护这些字段的机密性和隐私性。

数据丢失预防(DLP)通常用于管理数据机密性。DLP 控制数据的使用,如文档、记录、电子邮件或任何其他敏感数据,以便检测和防止数据泄露。DLP 可以是基于设备或基于网络的。基于边缘设备的 DLP 控制尝试在设备的内部或外部访问或移动数据。在内部,边缘设备 DLP 控制并防止物理设备总线(如硬盘驱动器、USB 驱动器或打印机)上的数据访问。在外部,边缘设备 DLP 控制和防御通信攻击,包括通过网络适配器之前的数据。

2. 数据完整性

数据完整性是指数据的客观性和整体性。传统的 OT 数据完整性技术增加了系统的可靠性和弹性,但由于密码强度不够而不能有

效应对恶意修改。数字签名、编码技术和监视内存技术等新技术，可以提供对数据更可信的完整性测量。

通常，存储在边缘设备上的数据由两种类型组成：可执行数据（如二进制代码和解释性脚本）和不可执行数据（如原始数据、配置文件、日志文件）。不可执行数据由可执行数据（代码）进行操作，可执行数据的完整性受运行时完整性技术的保护。

检测通用数据完整性的技术一般是数字签名，使用密钥或私钥来生成加密签名，记录实际数据在签名时的内容。这使任何人都能够在将来的任何时间验证签名数据的完整性，由于任何一方都可以验证数据，所以常用的安全操作（如软件和固件更新）可以在应用之前验证更新的完整性。此外，可以验证设备上的配置文件和日志文件，以确保其在将来的任何时间的完整性。

四、边缘设备怎么管

监测机制也应受到保护。边缘设备监测会考虑到可能篡改或损害设备的问题，并生成事件报告。可以在设备内部或外部执行安全状态监测。

边缘设备组件的变更必须保证其安全性且受控。应对所有更新和更改进行电子签名，对其有效负载进行加密并记录操作，以便后续审核和恢复。这些变更操作功能应为非侵入式操作，并且与系统

第六章
防护固本：构筑平台安全的"铜墙铁壁"

级配置管理和控制有单独的逻辑连接。

边缘设备隔离在设备之间设立了一道"屏障"，可保护系统组件免受故障和恶意活动等不利影响。

工业 IaaS 层安全：平台安全的基础

工业 IaaS 层包括支撑工业互联网平台运行的各类物理资源及虚拟资源。作为工业互联网平台的基础设施层，工业 IaaS 层的安全主要是指基础设施自身的安全，以及资源虚拟化、多租户服务等的安全。

一、工业 IaaS 层安全需求有哪些

工业互联网平台在基础设施安全领域包括了虚拟化安全需求、多租户隔离安全需求、存储（数据）安全需求、网络层面的安全需求、物理/终端的安全需求。工业 IaaS 层基础设施安全架构如图 6-1 所示。

第六章
防护固本:构筑平台安全的"铜墙铁壁"

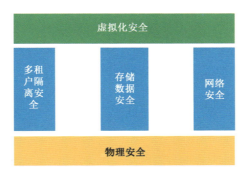

图 6-1　工业 IaaS 层基础设施安全架构

1. 虚拟化安全需求

虚拟化技术在整合资源、成本控制、动态配置和动态迁移等方面为工业互联网平台的建设和运维提供了技术支撑,满足了工业互联网平台支持多租户、提高资源使用效率的需求,并且提供了弹性灵活的扩展能力。但虚拟技术的使用也面临着巨大的安全挑战。例如,利用虚拟机软件本身存在的安全漏洞造成虚拟机逃逸、虚拟机之间的非授权访问、利用虚拟机漏洞访问工业互联网平台其他系统模块等造成越权、非授权访问、数据篡改等风险,因此针对虚拟机所带来的安全隐患需要做相应的安全防护措施。

2. 多租户隔离安全需求

工业互联网平台本身需要为不同用户提供不同服务,因此多租

户技术成为重要技术手段,需要在系统、程序、数据等层面进行多租户隔离,以实现不同租户之间、同一租户不同应用系统之间严格的访问控制和认证授权,还需要采取相应的安全技术手段保护不同租户的应用数据免受攻击和入侵。

3. 存储(数据)安全需求

工业互联网平台实现了不同应用、多源数据的融合,平台本身需要针对不同用户、不同应用、不同安全等级需求提供数据存储功能,还需要满足同一租户、不同租户之间数据的安全访问控制和数据隔离等安全需求。

4. 网络安全需求

工业互联网平台本身是一个非常复杂的系统,存在不同终端用户的网络接入和访问,在网络层面具有与传统信息系统相同的网络安全需求,需要在网络访问控制、传输加密、安全审计、流量控制、网络冗余备份等方面建立相应的技术手段,从网络层面严格进行授权访问、安全防护和监测预警。

5. 物理安全需求

在物理层面,工业互联网平台的机房存在防磁、防静电、防水、

第六章
防护固本：构筑平台安全的"铜墙铁壁"

防雷击、防盗等方面的安全需求，与传统的数据中心或机房的物理安全需求没有明显的差异。

二、虚拟化安全怎么做

工业互联网平台虚拟化包括对工业存储设备、计算机硬件平台和计算机网络资源等进行虚拟化，当某些功能服务器被虚拟化时，对物理硬件的需求将会降低，这会给企业大幅降低成本，并且以更快、更简单的方式重新部署虚拟服务器。虚拟化的灾难恢复能力非常强大，并且能够在很短的时间内完成灾难恢复，与物理硬件的灾难恢复相比，其所需的人力资源和成本都更低。因此，虚拟化可以提高工业互联网平台的灵活性、可扩展性和可见性。

虚拟化的主要优点是，在不共享关键信息或数据的情况下，灵活地建立共享系统，但虚拟化也带来了严重的安全风险。随着虚拟化在企业中的普及，针对虚拟环境的攻击方式也在增多。在企业基础设施中部署与虚拟化相关技术的同时，企业还必须确保主机不受影响。工业互联网平台虚拟化的安全隐患及对应的安全措施如图 6-2 所示。

工业互联网平台虚拟化安全隐患主要有 5 个方面。

其一，虚拟机的监控漏洞，通常攻击者会利用漏洞攻击工业互联网平台。

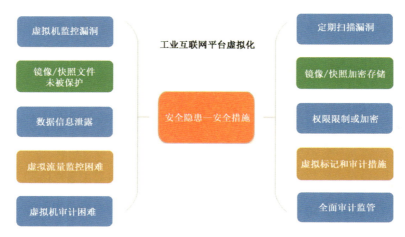

图 6-2　工业互联网平台虚拟化的安全隐患及对应的安全措施

其二，没有对镜像及快照文件实施保护，如果镜像发布，则将直接影响到用户信息的安全。

其三，在虚拟机向物理机迁移的过程中，存在数据信息泄露的风险，通常是由于虚拟机工作时的负载失衡或自身存在的安全问题等因素。

其四，虚拟流量监控已经变得非常困难，传统流量监控的手段已经无法满足虚拟机网络流量的监控需求。

其五，对虚拟机审计方面的监管较为困难，传统的审计宿主机的方式已经不适用于审计虚拟主机。

针对上述虚拟化安全隐患，可以采用如下有效的安全措施。

其一，定期对工业互联网平台进行漏洞风险扫描、系统升级与修复等工作。

第六章
防护固本：构筑平台安全的"铜墙铁壁"

其二，对快照和镜像文件进行加密存储，保障其完整性和机密性。

其三，在虚拟机向物理机迁移的过程中进行权限限制或加密等，以防止文件、数据等被非法访问或恶意篡改。

其四，在虚拟网络流量监控中使用虚拟标记和审计措施，实现对虚拟网络流量的监控。

其五，全面了解虚拟化环境中的审计监管，细致审计虚拟化网络及虚拟化硬件资源，保障对虚拟机的监控是实时且有效的。

三、多租户隔离安全如何实现

多租户技术或多重租赁技术是一种软件架构技术，其应用场景是多用户共同使用程序组件或系统，并且需要确保各用户间数据隔离和访问控制，采用的核心技术有虚拟化、数据库隔离、容器技术等。

1. 系统层面

工业互联网平台可以利用虚拟化技术，将实体运算单元直接分成不同的虚拟机，各租户根据其自身实际需要或所购买服务的授权数量使用多台虚拟机，这需要工业互联网平台系统本身具有足够多的资源。

2. 程序层面

工业互联网平台可以利用应用程序的挂载环境，对不同租户的应用程序运行环境进行相互隔离，使得不同租户之间无法跨越进程进行数据通信，但这种方式会明显增加工业互联网平台自身对资源的损耗。

3. 数据层面

工业互联网平台本身可以利用隔离数据库、隔离存储区、合理设计结构描述或数据表格等方式来实现不同租户之间的数据隔离。同时为了保障不同租户数据的安全性，还可以通过使用对称或非对称加密方式对租户的敏感数据进行加密保护。

4. 访问控制

多租户模式下的访问控制模型不仅需要保证访问安全，同时还需要提供灵活的可定制特性，以满足不同用户的访问控制需求。在做好平台自身系统、程序、数据的安全隔离基础上，强化访问控制以避免在未授权的情况下访问系统和资源。不同类型的安全区域边界包括平台上多租户区域边界、不同租户之间的区域边界、同一租户不同等级业务系统之间的区域边界、租户区域内部与外部的区域边界等。多租户在区域边界进行设备、网络资源、计算资源、系统资源等防护可采用限定管理员地址、通信协议加密、用户身份认证、设置相应强度的认证口令等方式，同时，各区域边界防护可以采用防火墙、抗拒绝服务攻击、入侵检测、入侵防御、Web应用防火墙、防病毒等技术加强防护。

5. 安全审计

通过安全防护设备对安全事件提供记录和审计，对确认的安全违规行为及时报警，支持对事件记录进行独立审计或集中审计功能，对审计结果进行关联分析，提供综合的审计呈现功能。

四、数据安全隐患在哪里

工业互联网平台的数据存储是通过网络将海量数据存储于工业互联网平台中，再根据访问指令回传给用户。其中数据隔离存储是工业互联网平台安全运行的重要支撑环节，包括数据的存储区域、数据的灾备恢复、数据的物理隔离等方面。虽然工业互联网平台数据存储是一种虚拟的互联网技术，但用户数据是真实且私密地保存在工业互联网平台上，所以必须保证平台上的用户数据的物理与逻辑存储安全。

目前，大多数工业互联网平台企业对于数据安全都有一定的认

识,并且已经有了一些措施来应对数据存储问题,如获取信息加密服务的有关权限、对服务器后台进行安全维护等。但工业互联网数据安全隐患依然存在,可以从数据访问安全、数据隔离安全、数据可控安全三个角度分析。

1. 数据访问安全

一些用户恶意或非法对数据进行访问也是工业互联网平台数据安全的一个重要风险隐患,一旦企业内部员工因主观或客观原因,发生违反规定流程的操作或恶意盗窃用户数据,非常可能造成数据丢失或被窃取的安全事件;此外,若相关的网络防护系统不到位,就可能会让网络上的一些不法分子有机可乘,导致大量数据被窃取,这些损失都是后期难以弥补的。

2. 数据隔离安全

数据隔离安全问题仅次于访问安全性,当用户运用计算机进行数据共享操作时,会涉及许多数据处理的问题。在常用的数据传输操作过程中,常常没有对这些数据进行安全加密工作。因此,当数据上传时会与外部计算机进行连接,黑客就会有许多机会对这个过程进行攻击,进而造成数据泄露。

3. 数据可控安全

当数据由运营商提供给使用者时，数据在传输的过程中会因为媒介的不同而让系统产生不同形式的变化，数据所处的安全场景也会随之变化，这也造成了数据安全防护工作的多样性需求。因此，对数据进行即时监控是非常困难的，若发生了数据失窃或丢失方面的安全问题，则相关技术操作人员很难及时采取措施对问题进行补救。

针对上述工业互联网平台数据安全隐患，应对措施如下。

其一，使用数据加密或磁盘加密等加密措施，使工业互联网平台中存储的数据具有完整性及机密性保护。

其二，对于残留的数据，可以对其进行销毁，使数据不被泄露。

其三，缩短数据处理、使用、销毁的周期，为之后的数据审计打下良好的基础。

五、网络安全措施有什么

随着工业互联网不断发展，将打破传统工业相对封闭可信的原有环境，同时，传统互联网安全威胁也在向工业领域渗透，内部安全风险与外部安全威胁并存，安全形势严峻。

工业互联网在逐步实现 IT、OT 融合的同时，传统信息安全风险与工业安全风险两者交织渗透产生出了新的风险，工业互联网平

台面临木马病毒感染、DDoS、高级可持续性威胁（APT）等安全威胁，将危害生产运行，甚至导致生产事故，从而威胁人身和国家安全。针对上述网络安全隐患和攻击，可以采用有效的安全措施如下。

1. 优化网络结构设计

在网络规划阶段，需设计合理的网络结构。一方面，通过在关键网络节点采用双机热备和负载均衡等技术，应对业务高峰时期突发的大数据流量和意外故障引发的业务连续性问题，确保网络长期、稳定、可靠地运行；另一方面，通过合理的网络结构和设置提高网络的灵活性和可扩展性，为后续网络扩容做好准备。

2. 网络边界安全

根据工业互联网平台承载业务的规模和重要性，将整个网络划分成不同的安全域，包括平台外部网络和平台内部网络，形成纵深防御体系。安全域是一个逻辑区域，同一安全域中的设备资产具有相同或相近的安全属性，如安全级别、安全威胁、安全脆弱性等。在安全域之间采用网络边界控制技术，对安全域边界进行监视，识别边界上的入侵、攻击、篡改等行为并进行有效阻断。

3. 网络接入认证

工业互联网平台自身应提供覆盖账号、认证、授权、审计四位一体的统一认证接入系统，对接入平台网络的设备或账号采用唯一标识，通过对接入的设备与账号等的身份认证，保证合法接入和合法连接，对非法设备与账号的接入行为进行阻断与告警，形成网络层面的可信接入机制。网络接入认证应至少包括基于数字证书在内的多因素身份认证。

4. 通信和传输保护

为了保证通信过程中的机密性、完整性和有效性，通过在通信和传输过程中采用数字签名、信息加密等技术手段，防止数据在网络传输过程中被窃取或篡改，并且保证合法用户对信息和资源的有效使用。

5. 网络设备安全防护

为了提高网络设备及其他接入设备自身的安全性，保障其正常运行，网络设备及其他设备应采取关闭 TCP/UDP 小包服务、finger、source-route、ARP 代理等不必要的服务，加强口令强度及其管理，定期对网络设备系统进行安全漏洞扫描及修复，远程登录需加密等一系列安全防护措施。

6. 安全监测审计

对所有网络设备及其他接入设备的安全访问进行记录和审计，并且采用第三方独立审计设备，防止在平台系统出现故障或被渗透攻击后篡改审计记录，同时实时记录、监控运维人员的错误操作和越权操作，及时告警，减少内部非恶意操作导致的安全隐患。

六、设备/终端安全水平怎么提升

传统生产装备以机械装备为主，重点关注物理安全和设备应急保护的功能安全。而工业互联网平台的生产装备和产品将越来越多地集成通用嵌入式操作系统及应用软件，实现感知、决策、控制等功能。智能化使海量生产装备和产品直接暴露在网络攻击之下，木马病毒在设备之间的传播扩散速度将呈指数级增长，工业互联网平台的物理安全问题亟待解决。

在工业互联网平台中，由于终端设备类型不同，大大增加了对接入和认证控制方面的难度。另外，终端和服务器之间主要传输输入/输出信号等信息，虽然对远程连接方面有安全协议，但对于其他符合国家密码法的信息传输等并没有制定保护措施或安全协议，这使终端与服务器间的数据通信存在被修改、窃听等安全风险。同时终端还具有计算和缓存功能，在信息加密传输的过程中，不能确定信息是否被缓存或保存，存在信息泄露隐患。

另外，在工业互联网平台中大量采用嵌入式操作系统、微处理器和应用软件的新模式，将带来以下安全风险：攻击直达设备，由控制系统向智能设备蔓延；攻击范围扩大；扩散速度增加；漏洞影响扩大，由特定型号设备向海量通用设备辐射。针对工业互联网中接入的各类现场设备或物联终端的安全防护，目前主要是通过操作系统加固、签发证书等方式进行的。在工业互联网平台安全体系中，要密切注意存在软/硬件中的预埋后门风险、硬件（芯片、处理器、控制器等）风险、软件（应用软件、开发软件、开发工具等）风险。对于软/硬件后门风险，可以使用国产 CPU、芯片或国产化的软件来研究及开发工业互联网平台，防止软/硬件安全隐患的发生。

对接入终端的安全管控的措施可以采用统一有效的接入授权，然后针对终端在传输过程中发生的泄露信息的风险，对远程传输协议实施安全加固，使用国家规定的密码算法对信息传输进行保护，使其具有完整性及机密性。最后可以使用物理断电对终端中残留的敏感信息进行清理，使信息彻底消除，降低信息泄露风险。

工业 PaaS 层安全：平台安全的核心

作为工业互联网的核心，工业 PaaS 层是先进制造业的"操作系统"。对应于工业互联网的平台层，其本质是在现有较为成熟的 IaaS 层上构建一个可扩展的操作系统，为工业应用软件开发提供一个基础平台。工业 PaaS 层为用户提供了包括工业应用开发工具、工业微服务组件、工业大数据分析平台、数据库、操作系统、开发环境等在内的软件栈，允许用户通过网络远程开发、配置、部署应用，并且最终在服务商提供的数据中心内运行。工业 PaaS 层面临的威胁来源非常广泛，基本涵盖了互联网、云计算、大数据等所面临的各种威胁。

第六章
防护固本：构筑平台安全的"铜墙铁壁"

一、工业 PaaS 层安全需求有哪些

当前，工业 PaaS 层建设的总体思路是，通过深度改造通用 PaaS 平台，构建满足工业领域实时、可靠、安全需求的云平台，将大量工业领域的知识、技术、模型等进行规则化、软件化、模块化，封装为各种工业微服务，通过这些可重复使用和灵活调用的微服务，可以降低应用程序的开发门槛和成本，提高部署效率，为大量开发者的产品、知识和经验的共享，为开放社区建设提供支撑和保障。

在通用 PaaS 基础上叠加大数据处理、工业数据分析、工业微服务等创新功能，构建可扩展的开放式云操作系统，提供工业数据管理能力，将数据科学与工业机理结合，帮助制造企业构建工业数据分析能力，实现数据价值挖掘。同时，把技术、知识、经验等资源固化为可移植、可复用的工业微服务组件库，供开发者调用。进而构建应用开发环境，借助微服务组件和工业应用开发工具，帮助用户快速构建定制化的工业应用。工业互联网平台 PaaS 层的建设者多为了解行业本身的工业企业，如 GE、西门子、施耐德，以及我国的航天科工、树根互联、海尔集团等，均基于通用 PaaS 进行二次开发，支持容器技术、新型 API 技术、大数据及机器学习技术，构建灵活开放与高性能分析的工业 PaaS 产品。工业 PaaS 层的典型架构如图 6-3 所示。

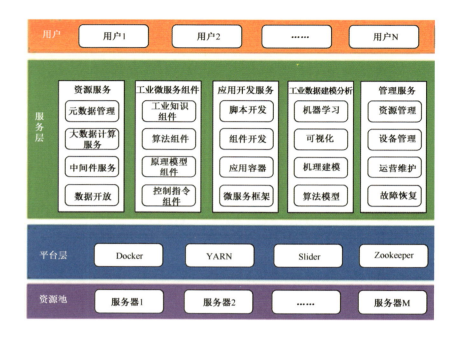

图 6-3 工业 PaaS 层的典型架构

PaaS 平台包含资源服务管控、微服务组件、应用开发、调度、数据分析等服务，同时平台也应具备安全管控功能。其中，资源服务管控负责整个 PaaS 平台的资源分配、调度管理、租户服务管理等；数据服务提供数据资源管理、数据质量管理、数据权限管理和数据共享管理等服务；应用开发管理提供可视化的开发工具，提供程序开发及测试、ETL 服务、机器学习等服务；调度服务提供资源的调度与监控、作业的调度与监控；安全管控提供安全认证、数据管理等服务，具体包括认证登录、权限控制、数据加密/脱敏、审计控制等。

因此，工业 PaaS 层安全需求包括了通用 PaaS 架构安全、微服务组件安全、应用开发环境安全和数据分析服务安全等方面的需求。

二、通用 PaaS 架构安全怎么做

通用的 PaaS 平台由多个具有不同功能的平台组成，从底层到高层分别是面向开发者的开发运维平台、面向系统部署的公共软件平台、面向资源管理的统一调度平台。

其中，开发运维平台提供应用软件的开发支持环境，支持应用的上线、高可用性、升级、扩缩容、运行监控、日志分析、故障诊断等；公共软件平台提供与业务无关的基础软件服务和从业务系统抽取出来的公共服务，例如中间件服务、数据库服务、大数据服务等；统一调度平台则打破以"应用""服务"为单位的"资源烟囱式"分配方式，支持细粒度的资源动态分配和隔离，支持应用和服务的弹性伸缩。

PaaS 平台一般为面向租户提供透明的大数据平台资源的管控环境，支持租户的自助注册、创建、删除、更新等操作，实现租户运行和管控功能的平台环境映射、账号映射和安全策略映射。PaaS

架构示例如图 6-4 所示。

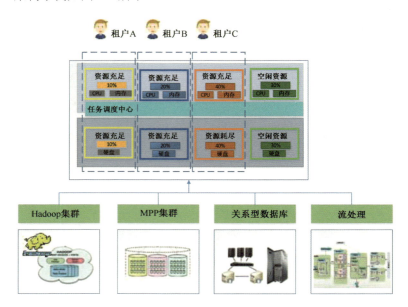

图 6-4　PaaS 架构示例

PaaS 平台的租户可以对自己申请的资源进行管理，也可以根据需求在线向管理员申请资源的扩容或归还多余资源。管理员直接对资源进行人工干预和即时调整。租户运行资源应该相互隔离，租户运行的实例资源也需要相互隔离。平台提供基于主机标签的资源管理，按照机器配置分配服务运行资源。每个租户对应一个服务实例，租户资源主要通过"按需分配+有空分配"模式进行分配，保障租户最低使用资源。

从 PaaS 云环境的主要工作机制和流程可以分析出平台所面临

的一些主要安全威胁，如图 6-5 所示。

图 6-5　PaaS 云环境面临的主要安全威胁

PaaS 平台数据访问主要包括前端访问与后台访问两种方式，并且提供经安全策略控制的数据传输、程序上传功能。不管是前端访问还是后端访问，均需要安全访问认证（如登录 4A 系统、登录堡垒机），进入 PaaS 平台前端操作界面后在绑定及授权的账号下访问后台的大数据云平台。

数据传输安全包括数据上传和数据下载两种情况。数据上传需要经过审批流程，租户可以上传自己的数据；经过安全策略控制，租户下载所需数据。租户可通过接口机和安全操作区服务器等途径将打包成文件形式的程序上传。

在数据权限与加密方面，一般情况下 PaaS 平台将数据按照敏感程度分为多级，按照数据权限进行分级访问，高级别敏感数据个人用户无权访问，程序账号访问需触发"金库模式"。隐私数据保护主要使用数据脱敏、对称密钥、非对称密钥、MD5/SHAC1/SHAC2 等多种数据加密手段。数据脱敏是对某些敏感信息通过脱敏规则进行数据变形，实现敏感隐私数据的可靠保护。消息摘要算法为计算机安全领域广泛使用的一种散列函数（又称哈希算法），用以提供消息的完整性保护。

另外，在提供 PaaS 服务时会提供一些用户 API。如果存在"共享技术漏洞"则很容易成为攻击目标，如某个系统管理程序、共享的功能组件或应用程序被攻击，则极有可能导致整个云环境被攻击和破坏。APT 攻击、DDoS 攻击已经逐渐成为威胁平台安全的重要攻击手段，在工业互联网平台中，业务中断将造成很大的经济损失，因此应该引起足够的重视。

三、微服务组件安全如何实现

工业技术、知识、经验、方法等被固化成各种数字化模型，主要通过两种方式沉淀在工业 PaaS 平台：一种是整体式架构，即把一个大型复杂的软件系统直接迁移至平台；另一种是微服务架构，如图 6-6 所示，传统的软件架构不断碎片化成一个个功能单元，并且以微服务架构的形式呈现在工业 PaaS 平台上，构成一个微服务池。

第六章
防护固本：构筑平台安全的"铜墙铁壁"

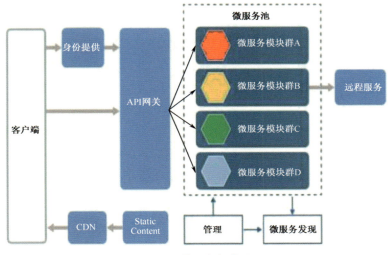

图 6-6 微服务架构图

由于具有服务独立性强、部署快速等特点，微服务已经被越来越多的企业接受，然而，从整体式架构迁移到微服务架构也会引发许多问题，其中安全问题最为重要。一个 PaaS 平台核心的管理对象就是业务系统，即每个业务系统都是 PaaS 平台里面的一个租户，在传统 PaaS 下我们只需要管理到业务系统这个级别就可以了，在微服务架构下则需要管理到微服务模块，这就必须考虑用户身份认证、安全审计、开放接口等多方面的安全要求。

1. 用户身份认证

根据美国 ICS-CERT 中心和中国 CNVD 中心统计，目前常用的

工业控制软件（如 WinCC、Wonderware、iFIX 等），均存在安全漏洞，限于工厂实际情况难以及时更新补丁，漏洞一旦被利用将导致安全事故。如果攻击者通过钓鱼攻击或软件漏洞获取了远程管理工业互联网平台资源的账户登录信息，就可以对业务运行数据进行窃取与破坏。

因此，管理微服务组件的用户身份标识应不易被冒用，相关口令应满足复杂度要求并定期更换。启用登录失败处理功能，可采取结束会话、限制非法登录次数和自动退出等措施。采用安全方式防止用户鉴别认证信息泄露而造成身份冒用。在微服务组件权限配置能力内，根据用户的业务需要，配置其所需的最小权限。同时须满足相关通用安全要求及安全审计要求。

2. 安全审计

在部署各式安全防护设备的同时，也应该注意来自内部人员的恶意危害，这种危害往往破坏面广、破坏力度大，甚至可辐射至整个云环境，因此安全审计功能尤为重要。

审计范围应覆盖到使用微服务组件的每个用户。审计内容应包括重要用户的行为、微服务组件资源的异常使用和重要操作命令的使用等重要的安全相关事件。审计记录应包括事件的日期、时间、类型、主体标识、客体标识和结果等。应保护审计记录在有效期内不会遭到非授权访问、篡改、覆盖或删除等。应支持按用户需求提供与其相关的审计信息及审计分析报告。安全审计功能可通过可视化方式记录所有操作和行为，并且提供实时监控、录屏、回放等功能，保障资产的可控性。

3. 开放接口

工业云在提供其服务时会提供一些用户 API。运维和开发人员利用这些接口对云服务进行配置、管理、协调和监控，也在这些接口的基础上进行开发，并且提供附加服务。而 API 是工业互联网平台中暴露在外的部分，更容易成为攻击目标。

微服务组件应有与外部组件或应用之间开放接口的安全管控措施，接口协议操作应通过接口代码审计、黑白名单等控制措施确保交互符合接口规范。对开放接口调用有认证措施。对关键接口的调用情况进行技术监控，如调用频率、调用来源等。用开放接口生成的业务应用或应用程序在供用户下载之前应通过安全检测，制定开放接口管理机制。

四、应用开发环境安全要求有什么

工业应用不仅涉及应用开发，还包括了细致的数据分析，甚至专业的机理模型开发，而这些专业能力还要针对不断变化的需求进

行有针对性的调整。从应用的角度来说，随着应用类型的增多和功能的复杂化，为了实现快速和稳定的应用交付，应用开发最终都会走到集约化、平台化开发的路线上来。

工业互联网平台包括跨行业的各种通用服务，如设备管理和接入、工业数据处理和时序数据库、工业大数据建模工具等，还包括跟每一个具体行业紧密相关的应用开发框架、模型、特征库等功能。因此，应用开发环境安全主要有以下七项安全要求，如图 6-7 所示。

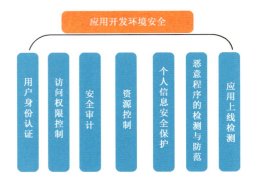

图 6-7　应用开发环境安全

1. 用户身份认证

对要求提供登录功能的开发环境，与微服务组件安全的登录失败处理功能相似，可采取结束会话、限制非法登录次数和自动退出等措施；应提供并启用用户身份标识唯一检查功能，保证开发环境中不存在重复用户身份标识；应提供并启用用户鉴别信息复杂度检

第六章
防护固本：构筑平台安全的"铜墙铁壁"

查功能，保证身份鉴别信息不易被冒用；应采用加密方式存储用户的账号和口令信息。

除此之外，还应对用户访问和操作的有关环节（如注册、登录、操作、管理、浏览等）提供有效的强制保护措施，如以图形验证码保护各类提交信息，对用户重要操作进行确认和验证等。

2. 访问权限控制

应用开发环境的访问权限控制可以通过网关来实现，网关是外界系统和平台之间的一道门，所有的客户端请求通过网关访问后台服务。为了应对高并发访问，服务网关以集群形式部署，需要做必要的负载均衡控制。为了保证安全性，客户端请求需要使用 HTTPS 加密保护，这就需要进行 SSL 卸载，如使用 Nginx 对加密请求进行卸载处理。外部请求经由网关服务转发到微服务。

服务网关作为内部系统的边界，应具备限流、容错、身份认证、监控、访问日志等安全性控制能力，以保证用户的良好体验，实现反爬虫功能，并且对后台系统做进一步优化。

3. 安全审计

平台的应用开发环境应部署审计产品，用来实时记录云平台的应用调用或大数据平台活动等情况。目前安全审计产品的部署方式是，通过安装 Agent 插件或流量监测审计设施，所有应用开发环境的数据调用及数据库操作日志自动传输给数据库审计设备，对数据库或平台操作进行细粒度审计的合规性管理，对数据库或平台遭受到的外部攻击风险和内部违规操作行为进行记录并发出告警。真正实现数据库全业务运行可视化、日常操作可监控、危险操作可控制、所有行为可审计、安全事件可追溯。实现安全审计功能，可以满足对平台的合规性考核要求，同时可以有效减少核心信息资产的破坏和泄露。应用开发环境安全审计示例如图 6-8 所示。

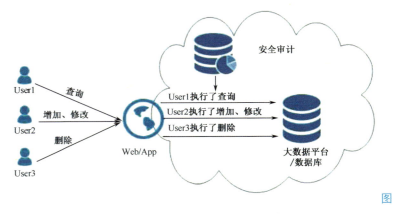

图 6-8　应用开发环境安全审计示例

4. 资源控制

当用户和开发环境的通信双方中的一方在一段时间内未做任何响应时，另一方应能够自动结束会话。根据需要对用户与开发环

第六章
防护固本：构筑平台安全的"铜墙铁壁"

境之间相关通信过程中的全部报文或整个会话过程提供必要的保护，并且提供对相关访问、通信等数据的防抵赖功能。定义服务水平阈值，能够对服务水平进行监测，并且具备当服务水平降低到预先规定的阈值时进行告警的功能。

5. 个人信息安全保护

开发环境中各功能的提供、控制与管理过程应保护用户隐私，未经用户同意，不能擅自收集、修改、泄露用户相关的敏感信息。保护相关信息的安全，避免相关数据和页面被篡改或破坏。禁止不必要的内嵌网络服务，并且对开发环境相关功能的关键数据（如业务数据、系统配置数据、管理员操作维护记录、用户信息、业务应用与应用程序购买、下载信息等）建立必要的容灾备份，尤其是与开发环境中重要功能相关的数据应进行异地备份。开发环境应提供数据自动保护功能，当发生故障后应保证开发环境能够恢复到故障前的业务状态。

6. 恶意程序的检测与防范

提供有效的恶意代码检测和过滤技术手段。检查系统与通信保护策略与规程、系统设计说明书、运维计划等相关文档。查看其是否定义扫描频率，是否定义了检测到恶意代码后的举措，是否包含

配置恶意代码防护机制。查看对信息系统进行定期扫描及对外部文件（尤其是邮件）进行实时监控扫描的内容。访谈并检查恶意代码的检测和处理机制，确认当检测到恶意代码后能够产生告警，并且实施相应的处理措施。

7. 应用上线检测

开发环境在业务应用与工业应用程序上线前或升级后均需对其进行安全审核，应避免使用含有已公开漏洞的第三方应用组件或开源代码（漏洞库可参考 CVE、CNVD 等），以确保其不包含恶意代码、恶意行为等，经过安全审核后才能进行数字签名、上线处理和正式发布。移动终端在下载安装工业应用程序之前，对经过签名的应用程序进行签名验证，只有通过签名验证的应用程序才允许上线，继而将其安装到终端上。支持对工业 App 源码中的关键字符串进行加密，从而避免关键字符串泄露。

同时，开发环境应要求开发者在提交业务应用与工业应用程序时声明其调用的 API，并且对业务应用与工业应用程序调用终端 API 的行为进行检测。对于已经上线的业务应用与工业应用程序，则需要进行拨测和抽查。

五、数据分析安全管控技术有哪些

数据分析服务运用数学统计、机器学习及人工智能算法实现工业互联网面向历史数据、实时数据、时序数据的关联分析，防止数据泄露、篡改、丢失是平台安全防护中的首要任务。平台中存储的数据具有较高的敏感性，涉及工业企业知识产权和商业机密，是其核心资产的重要组成部分，有些数据资料甚至关系到国家安全，对数据的窃取或破坏将造成严重经济损失。从数据安全生命周期角度出发，采取管理和技术两方面手段，进行全面系统的管理。通过对数据生命周期（数据生产、数据存储、数据使用、数据传输、数据归档、数据销毁）各环节进行数据安全管理管控，实现数据全程全寿命周期安全目标，如图6-9所示。

图 6-9 数据生命周期安全管控

数据分析服务环节常常会应用到多项数据安全管控技术，如数据加密、数据隔离、数据签名、数据脱敏等。归纳而言，数据分析服务的安全防护需求主要体现在数据挖掘过程和数据输出操作中。

1. 数据挖掘过程安全防护

在数据挖掘过程中,针对不同接入方式的用户,应采用不同的认证方式,检查其使用数据的合法性和有效性。挖掘算法在使用前,必须申报算法使用的数据范围、挖掘周期、挖掘目的,以及挖掘结果的应用范围等内容。算法提供者必须对算法的安全性和可靠性提供必要的验证与测试方案。应对挖掘算法使用的数据范围、数据状态、数据格式、数据内容等进行监控。禁止挖掘算法对数据存储区域内的原始数据进行增加、修改、删除等操作,以保证原始数据的可用性和完整性。不同应用之间应进行数据关联性隔离,防止不同应用之间的 ECA 分析,产生数据泄露。禁止将挖掘算法产生的中间过程数据与原始数据存储于同一个空间,以防数据使用的混乱、加大数据存储的管理难度。

同时,应周期性地检查用户操作数据的情况,统一管理数据使用权限,并且对挖掘内容、过程、结果、用户进行安全审计,主要包括挖掘内容的合理性、挖掘过程的合规性、挖掘结果的可用性,以及挖掘用户的安全性。

2. 数据输出操作安全防护

平台应对应用数据的各种操作行为、操作结果予以完整记录,确保操作行为的可追溯性。应对所有输出的数据内容进行合规性审

第六章
防护固本：构筑平台安全的"铜墙铁壁"

计，审计范围包括数据的真实性、一致性、完整性、归属权、使用范围等。

对数据输出接口进行规范化管理，管理内容包括数据输出接口类型、加密方式、传输周期、使用用途、认证方式等。当需要将数据输出到平台以外的实体时，在输出前应对数据进行脱敏操作，以确保输出的数据满足约定的要求且不泄露敏感信息。检查数据分析服务安全策略与规程等相关文档，对所有的审计行为留有记录并独立存储，严禁在任何情况下开放对审计结果的修改与删除权限。

SaaS 层安全：平台安全的关键

在工业互联网平台中，SaaS 层围绕设备管理、研发设计、运营管理、生产执行、产品全生命周期管理、供应链协同等工业应用场景，提供传统云化工业软件和新型轻量化工业应用及服务。由于 SaaS 层的运行以互联网为基础，必将面临复杂的信息安全问题。

一、应用层安全需求在哪里

SaaS 层直接为用户提供应用软件服务，用户不需要关心任何底层的技术细节，其架构的核心是软件服务层，包含了 SaaS 云平台的各类应用软件服务。

软件服务层面临三种安全风险。

一是应用多租户的隔离问题，如果租户之间的隔离不彻底，会导致租户数据及业务上的互相影响和干扰。

二是多租户的身份管理及访问控制问题，SaaS 环境下如何对大量租户的身份及其权限实现高效且有效的管理，事关用户体验和云平台的稳定可靠。

三是应用资源控制问题，如果资源分配不当，则可能会导致系统负载过重，甚至可能被恶意用户利用云功能从事非法活动。

多租户之间的隔离可在云架构的不同层次实现，在应用层实现隔离可以采用较多的方法，主要包括"沙箱隔离"和"共享实例隔离"两种方法。沙箱隔离是指每个沙箱形成一个应用池，池与池间的隔离保证了池内应用，由池的后台程序处理池内应用请求；共享实例隔离是指应用本身可支持多个用户，隔离在应用内部实现。围绕应用层安全防护需求建立的安全防护体系如图 6-10 所示。

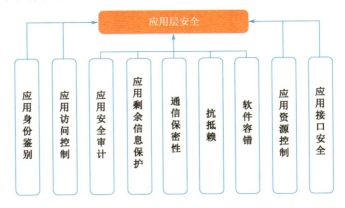

图 6-10　应用层安全防护体系

二、怎么鉴别应用身份

工业互联网将拥有海量用户，已经不能单纯依靠传统的基于单一凭证的身份鉴别方式，来对这些用户进行有效身份鉴别。为解决该问题，工业互联网平台可采用多因素身份鉴别技术或基于单点登录的联合身份鉴别技术实施应用系统身份鉴别。

多因素认证技术是用户在登录平台过程中，除提供登录验证需要的用户名、密码外，还需提供其他能够证明自己身份的认证因子，如动态口令卡、操作系统指纹、设备机器码等，使用两种及以上的鉴别技术组合来实现身份鉴别，且保证至少有一种鉴别技术是不可伪造的。

基于单点登录的联合身份鉴别技术是为了解决在工业互联网应用场景中同一个用户在不同平台之间切换的问题，因为一个用户往往使用了多个云平台的服务，在不同云平台间切换时，用户需要反复进行多次身份鉴别，给使用带来了不便。在相互信任的不同云平台之间通过使用基于单点登录的联合身份认证技术，用户只需在某个平台注册和登录一次，而不需要重复在其他云平台上注册和登录。

三、如何实现应用访问控制

在云应用系统上拥有着大量的用户,使得访问控制授权管理变得相当复杂,需要建立起一套统一的访问控制策略,从而提高云应用的安全性。统一访问控制策略管理包括两种类型:一种是对客体资源的访问控制授权管理;另一种是对主体用户的访问控制授权管理。在实际技术实现上,通过使用可信访问控制技术,为每个用户计算信任值,并且根据用户行为的可信程度,动态调整用户的信任值,用户的信任值的变化,将导致系统动态调整用户对各类资源的访问控制权限。

针对客体的访问控制授权是指面向被访问的客体资源,管理员设定用户、用户组、角色对客体资源的访问控制权限。针对主体的访问控制授权是指针对特定用户、角色、用户组,授予其访问某应用或资源的权限,执行最小授权原则,使主体的权限最小化。通过使用统一访问控制策略,不仅可以集中管理所有用户访问控制权限,而且还能及时发现未授权的非法访问控制请求,避免出现越权访问,保证资源合法受控地访问和使用。

四、怎样开展应用安全审计

工业互联网应用架构设计复杂,面临的安全威胁种类繁多,发生安全事故概率也相对较高,对于平台的运行维护、调查取证、问题追溯而言,构建安全的审计系统已经变得尤为重要。根据国际CC标准对安全审计系统的要求,安全审计功能应包括自动响应、事件生成、审计分析、审计浏览等。

应用系统安全审计系统目的是为了监测工业互联网平台应用系统运行情况及系统用户行为,以便发生安全事件后进行追踪分析。应用安全审计主要涉及以下内容:用户登录情况、系统功能执行及系统资源使用情况等,要求记录用户行为、安全事件等;具有统计报表功能,对形成的记录能够统计、分析并生成报表;根据统一安全策略,提供集中安全审计接口。可以将应用安全审计设计成一个模块,加入网络和主机的安全审计平台中,实现网络、主机、应用安全审计的集中统一管理。

五、如何保护应用剩余信息

为避免工业互联网平台存储在缓冲区、内存或硬盘中的信息被非授权访问,应对这些剩余信息加以保护。对于用户的鉴别信息、文件、目录等资源所在的存储空间,必须进行重新使用前的清除操

第六章
防护固本：构筑平台安全的"铜墙铁壁"

作，或者将这些资源直接销毁，否则不能释放或分配给其他用户。

数据销毁的技术主要分两种：软销毁和硬销毁。软销毁是通过数据覆写类软件，使用特定数据覆写算法，将新数据写入原旧数据的存储空间，从而使恶意恢复者也无法获知存储空间原本存储的数据。硬销毁是通过物理或化学的方法，对存储数据的物理载体进行毁损性的破坏，如焚烧、熔化、溶解等，该类方法常见于信息保密度要求极高的场合。

六、如何加强通信保密性

作为通信安全的重要方面，通信保密性是确保数据处于保密状态，不被窃听。要求对工业互联网连接前的初始化验证和通信过程的敏感信息进行加密。通信过程加密的范围要求包含整个报文和会话过程。对加密/解密运算要求设备化。

通信会话过程一般包括会话参数信息和会话内容信息，可采用基于CA的公钥/私钥技术。非对称加密算法具有加密/解密时间长、保密性高、效率低等特点，对称加密算法具有加密/解密时间短、保密性低、效率高等特点，基于这两种加密算法的特点，可以在通信会话开始时，使用非对称加密算法对会话参数进行加密，在会话协商完成后，会话数据内容开始传输时，使用对称加密算法对会话数据内容进行加密。这样既实现了整个过程的通信保密性，又能最

大限度保证会话的效率。

七、怎样保证通信抗抵赖机制

在实现通信完整性和保密性的基础上,为了保证通信的抗抵赖要求,避免通信双方不承认已发出或已接收的数据,从而保证应用的正常运行,必须采取一定的抗抵赖手段,如基于 CA 的数字签名技术,防止双方否认已进行的数据交换。要求工业互联网平台能够提供保证通信双方不可抵赖的证据或控制功能。

八、怎样提升软件容错能力

工业互联网平台是十分复杂的系统,为了提高整个系统可靠性,通常需要使用有效的容错技术。在硬件配置上,需采用冗余备份的方法,以便保证系统在资源使用上的可靠性。在软件设计上,则主要考虑应用程序对错误(故障)的检测、处理能力。要求系统具有基本的数据校验功能,即使在发生故障时也能够继续运行部分功能,具有自动保护、自动恢复功能。

九、怎样实现应用资源控制

为了保证资源使用的合理有效性,防止因资源滥用而引发各种

第六章
防护固本：构筑平台安全的"铜墙铁壁"

攻击，工业云应用程序需要相应的资源控制措施，包括限制单个用户对系统资源的最大和最小使用限度；限制单个用户的多重并发会话；当登录终端的操作超时或鉴别失败时进行锁定、限制最大并发会话连接数；增加一段时间内的并发会话数量、单个账户或进程的资源配额；根据服务优先级分配资源及对系统最小服务进行监测和报警。

十、怎样做到应用接口安全

工业互联网平台按照统一的规范和模式，提供标准 API 开放给用户，用户通过 API 与工业云平台进行交互。如果 API 不安全，则可能被攻击者利用进行注入攻击、拒绝服务攻击等，甚至绕过虚拟机管理器的安全控制机制获取系统管理权限，可能会给系统带来灾难性后果。要求必须对公开的 API 进行安全性保护，确保工业互联网平台不会因为不安全的应用接口而产生相关的安全风险。

在工业互联网平台中，为了确保 API 安全，可采用基于 X.509 证书的数字签名技术，对每次 API 调用请求进行安全性检验。用户从客户端发起 API 调用请求时，首先使用自身安全凭证中的私钥，对 API 访问请求进行签名，然后发送给工业云端，工业云端接收到 API 调用请求后，交由验证模块对该请求的签名进行验证，若验证通过，则允许用户 API 访问请求，否则拒绝该请求。

下 篇
工业互联网平台安全之术

工业互联网平台安全是一个全新的安全领域，具备高度的前沿性和复杂性，我国平台安全应用实践尚处于起步阶段。产业界和地方建设工业互联网平台"重发展、轻安全"的现象较为明显，企业在建设、运营、使用和维护工业互联网平台的过程中，仍缺乏对安全问题的高度认识，安全风险观念仍显淡薄，大量平台的安全防护水平未达标，平台安全建设仍然缺乏系统性的策略指引，以及可参考的成熟经验。

工业互联网平台的建设要坚持安全管理和技术防护相结合，结合行业需求和发展趋势，推动应用实践做深、做实。首先，应从组织保障、管理流程、重点环节等方面发力，通过建立安全章程制度、理顺框架主线、补齐安全短板等措施，规范平台内部风险控制。其次，积极培育解决方案，从公共和行业两方面入手，结合平台业务特点，分析平台安全需求，探索安全应用实践，打造平台纵深防御能力。最后，坚持协同创新应用，探索人工智能、区块链、边缘计算等新技术与平台安全的应用结合点，研究认知计算、基础设施转型、集成式安全、安全自动化、检测和响应等平台应用新模式，驱动平台安全变革，与时俱进护航平台安全可靠发展。

第七章
安全管理：规范平台内部风险控制

保障工业互联网平台安全,"三分靠技术,七分靠管理"。自 1998 年信息安全管理体系(Information Security Management System,ISMS)出台后,经过 20 多年的快速发展,信息安全管理的理念已被国际范围内政府部门、企业等广泛接受和认可,如今信息安全管理已成为企业提升信息安全防护能力、补齐安全防护短板的一种切实有效、必不可缺的途径。建立科学规范、可操作性强、防护效果好、兼顾经济效益的安全管理框架,是帮助平台企业建立符合自身安全需求的安全管理制度、解决工业互联网平台当前安全问题的必要途径。

第七章
安全管理：规范平台内部风险控制

加强组织保障：建章立制

平台企业如想做好安全防护，必须根据自身安全状况制定一套完备有效的安全管理制度。平台企业宜立足自身的安全状况，参考国际上基于 ISO 27000 系列标准的信息安全管理体系，以及国内相关的国家法律、法规、条例及标准，建立适合自身业务发展和平台安全需求的安全管理制度，并且结合企业具体情况组织实施。

一、平台安全管理组织：确权定责

平台安全管理组织是工业互联网平台安全管理的基本保障。为确保平台安全管理体系的有效运行，企业应建立由高层管理人员组成的跨部门、网络化的平台安全管理架构，作为平台安全管理的最高决策机构，以确保平台各项安全策略的实施都能得到管理层的支持。平台安全管理组织架构的成员及职责应当包括以下几个方面（见图 7-1）。

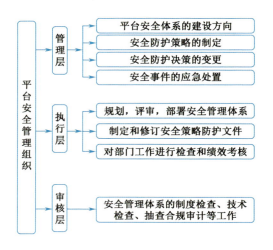

图 7-1　平台安全管理组织架构

管理层：工业互联网平台安全领导小组是平台安全管理层的核心，也是工业互联网平台安全工作的最高领导机构，主要指导平台安全管理体系的建设，如平台安全体系的建设方向、安全防护策略的制定、安全防护决策的变更、安全事件的应急处置等。

执行层：工业互联网平台安全实施小组属于工业互联网平台安全执行层的领导机构，由安全管理体系涉及的各部门主要负责人组成，主要负责规划、评审、部署安全管理体系，并且监督相关人员执行安全管理体系的情况；制定和修订安全防护策略文件并提交领导团队审批和发布；组织各部门制定安全绩效指标，并且依据该绩效指标对各部门工作进行检查和考核。

审核层：工业互联网平台安全管理体系领导小组成立专门的审核小组，主要工作是配合实施小组开展体系审核工作，是审核层的具体执行人员。审核小组主要负责组织工业互联网平台安全管理体系的制度检查、技术检查、抽查、合规审计等工作。

二、平台安全管理制度：规行矩步

完善的平台安全管理制度是工业互联网平台安全的基石。当前，大多数工业互联网平台的风险主要来自安全管理疏漏。工业互联网平台迫切需要构建全方位、系统化的安全管理体系，具体包括与平台业务相适应的安全方针策略、管理制度和技术规范等，以全面提升平台安全防护能力。

平台安全方针策略是工业互联网平台安全领导小组对平台安全防护目标的具体表述，为安全管理体系的运行提供指引。其他制度在制定时不得违背安全方针策略，与安全策略发生抵触时，必须经过工业互联网平台安全领导小组审定。

工业互联网平台安全管理制度主要包括设备管理制度、操作人员管理数据安全管理制度和安全技术规范（见图7-2）。

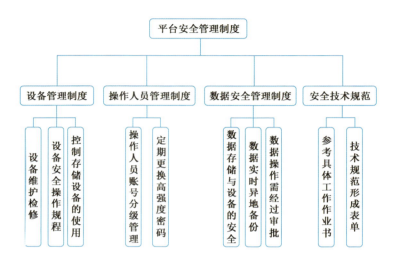

图 7-2　工业互联网平台安全管理制度

1. 设备管理制度

内容包括：设备、系统等如需进行维护、检修，必须经安全负责人批准；严格遵守设备管理制度规定的安全操作规程和设备的正确使用方法；严格控制外部存储设备的使用。

2. 操作人员管理制度

内容包括：操作人员需要进行分级管理，不同级别的操作人员使用的账号、密码不得相同；操作人员不得使用其他操作员的账号、密码进行操作；主管人员需要根据工作情况定期更换相应复杂度较高的口令。

3. 数据安全管理制度

内容包括：数据存储介质与设备的安全；需定期将系统的数据进行实时的离线、异地备份；对数据的操作需经平台安全负责人批准后方可进行；数据的清除、整理工作需由相关人员全程现场陪同，记录整理过程。

4. 安全技术规范

安全技术规范主要是指安全管理的操作规程和基本流程，通过详细规定主要事件处理流程，为具体工作提供作业书。同时，安全技术规范必须具有可操作性，在实际工作中形成具体的表单，便于在日常工作中执行，包括日常操作的记录、审批记录及工作记录等。

规范管理流程：理顺主线

目前，工业互联网平台安全管理工作存在一些普遍问题。例如，安全工作比较松散，缺乏组织性，各部门安全工作不协调导致整体工作难以适应企业发展需求；工业互联网安全体系的建设工作还存在较大的提升空间，核心问题在于工业互联网平台安全管理工作缺乏流程化管理，主要问题表现在缺乏系统性、全局性的规划，没有形成流程化的体系，没有明确岗位职责与管理要求落实。因此，工业互联网平台安全管理必须针对业务特点，对管理流程予以优化和重构。

一、管理流程建立：程序化

工业互联网平台安全性关系着工业互联网企业的整体发展，是工业互联网的核心载体，因此在建立工业互联网平台安全管理流程时，应重点考虑以下三点。

第七章
安全管理：规范平台内部风险控制

首先，明晰安全目标。系统梳理平台安全需求，确定平台安全管理要达到的目标，在此基础上建立与目标相一致的工业互联网安全管理体系，确保安全管理流程能够顺利落实。

其次，描述管理活动。对工业互联网平台安全管理体系中的各个活动角色使用流程描述的方法进行详细的说明，将安全管理流程可视化。

最后，提出保障措施。将人力资源与角色关系进行对应，明确管理流程中所需的资源，确保流程能够有条不紊地执行。

二、流程体系框架：标准化

工业互联网平台安全管理体系设计需要考虑平台系统规划、开发、建设、运行等全生命周期的各个环节。在安全工作的各个环节中，应根据信息安全技术与信息安全管理要求等国家标准实施。平台安全管理流程如下。

1. 平台安全规划

平台安全规划阶段主要涉及风险评估、安全管理、系统安全规划等基本环节。这个阶段的主要工作是，根据平台的安全需求制定相应的安全策略，确保平台的安全运行。

风险评估旨在摸清平台安全的基本情况与潜在的风险隐患。为

适应业务的快速发展，及时地对平台可能存在的风险、漏洞进行多方面的评估，找出潜在风险漏洞，优化现有的安全控制措施。

实施平台安全管理需要制定安全策略来提供原则性的指引。安全策略是工业互联网平台安全领导团队对安全目标的具体表述，为信息安全管理体系运行的所有相关文件提供指引。随着工业互联网安全需求的变化，必须定期对安全管理策略进行调整和完善。

系统安全规划是指在上述两项工作的基础上，构建相对完备的平台安全管理体系。企业应根据安全风险评估的结果完善平台的安全管理策略，根据平台安全的需求改善安全管理体系。

2. 平台安全开发和建设

企业应根据平台安全设计规划制定一套完善的实施方案，在开发过程中严格落实方案的具体要求。在平台安全建设阶段，主要在设备的采购、系统设计、建设等环节落实相关要求。平台建设完成后，企业应对平台进行安全性能测试，确保制订的所有方案都能落实。

3. 平台安全运行

在平台的运行阶段，需做好日常的安全保障与运维工作，包括安全预警、安全监控和处置、安全变更与访问控制、安全审计等，

第七章
安全管理：规范平台内部风险控制

以确保平台的安全运行。本阶段主要涉及安全预警、安全监控和处置、安全变更与访问控制、安全审计等子流程。

安全预警是针对平台安全风险，开展安全态势研判与分析，制定相应的安全策略，发布风险预警信息与改进建议。预警信息通常包括企业内部平台安全事件的处理结果，以及互联网发布的信息安全通告。

安全监控和处置包括安全监控和事件处置两个子流程。安全监控包括业务需求分析，以确定安全监控对象与监控指标，制定相应的安全监控计划，监控安全事件与安全日志，并且对监控结果进行关联性分析，如果监控结果判定为安全事件，则提交到事件处置流程，进行安全事件调查、系统恢复、事件总结等操作，必要时请求技术专家予以支持。

安全变更与访问控制包含安全变更类流程和访问控制类流程。安全变更类流程涉及现有的安全防护策略、资源调整。访问控制类流程是指基于业务的安全需求对系统和数据进行访问控制的流程。

安全审计从企业的安全管理和技术两个方面进行检查，确认是否处于安全运行的状态，主要检查对象是企业安全策略与控制措施的执行情况。安全审计不会对审计依据本身进行检查，如安全策略、控制措施、管理制度、流程等。对审计依据本身的检查属于风险评估的范畴。

三、流程体系说明：具体化

1. 风险评估管理流程

风险评估管理流程主要是对工业互联网平台安全防护对象的安全防护措施进行有效性确认，对管理和技术方面存在的安全威胁进行全面评估，找出平台潜在的风险隐患，并且提出整改措施。通过风险评估全面掌握企业面临的安全风险，将风险控制在可接受的范围内。

2. 安全策略管理流程

安全策略管理流程主要用于制定安全管理办法，建立符合企业的安全管理规范，对安全管理办法进行落实，并且根据落实情况进行完善。各部门在工作中对尚未完善的安全管理办法、标准规范与安全策略进行补充与修改。在实际工作中通过安全策略管理明确企业的安全目标，并且明确规划实现这些安全目标的途径。

3. 安全规划流程

安全规划流程主要是指在各类系统的规划过程中进行需求分

析，提出相应的安全防护要求，指导后期防护能力测试、项目实施等工作。同时，为后续安全运维工作进行合理的估计和安排，从结构上提升组织的安全水平。

4. 安全事件管理流程

安全事件管理流程是处置安全事件的流程，主要指导安全事件处理工作，有效处理信息安全事件，提高处理及时率，最大限度地减少和降低信息安全事件给企业带来的损失，并且采取有效的纠正和预防措施。

5. 安全变更管理流程

安全变更管理流程是根据审核通过的安全方案，对现有的数据、资源进行相应的调整，包括制定变更方案（安排变更计划和日程）、执行变更方案（执行技术方案，对实施中的意外情况进行现场处理）、方案执行反馈（将执行情况反馈给安全变更管理流程），统一全网安全调度和全程实施跟踪。

6. 安全配置管理流程

安全配置管理流程是为了贯彻统一管理的原则，实施以任务为

轴心的工作流管理，包括设置监控点、控制任务执行质量，以确保安全配置顺利完成。

7. 安全审计流程

安全审计流程是根据预先确定的审计依据，对审计对象进行现场访谈，文件查阅，对信息系统进行技术测试，对审核的结果进行综合评价，以确定被审计对象是否满足安全策略。安全审计可使被审计对象全面掌握系统的安全现状。

第七章
安全管理：规范平台内部风险控制

巩固重点环节：补齐短板

平台安全管理的对象涵盖平台的操作系统、网络系统、数据库、应用软件等。为确保平台的安全，需建立以设备、系统和核心数据资源为中心的安全管理体系。本节将对几个重点安全管理环节进行详细阐述，并且系统介绍风险评估、安全监控与告警、事件响应等安全管理手段。

一、风险评估及管理：确定安全风险等级

1. 基本内涵

风险评估是依据有关信息安全管理标准与规范，对工业互联网平台的接入安全、系统安全、应用安全、数据安全等安全属性进行评价的过程。风险管理是指对工业互联网平台进行风险识别、控制、消除的过程。

风险评估主要用于确定平台安全风险等级的过程,对潜在的风险漏洞、安全威胁进行提前预判,如网络安全漏洞、业务变动等。

风险管理是把整个工业互联网平台安全风险进行控制并降低的过程,是一项长期、持续性的工作。风险管理通常按一定时间间隔定期进行,是一个循环、不断上升的管理过程。

2. 风险评估的依据

风险评估的依据包括信息安全标准、行业管理制度、业务单位的安全要求等。在实际工作中,应参照平台安全风险评估依据,综合考虑平台的安全风险、评估目的、范围、事件等多个因素,选择符合自身条件的风险评估方法。

3. 风险评估实施流程

依据《信息安全技术 信息安全风险评估规范》(GB/T 20984—2007),同时参照 ISO/IEC TR 13335-3、NIST SP 800-30 等标准,风险评估过程涉及评估准备、评估资产识别、资产脆弱点、面临的威胁等,具体工作内容如下。

1) 风险评估准备

风险评估准备阶段流程图如图 7-3 所示。风险评估准备是实施

第七章
安全管理：规范平台内部风险控制

评估的基本前提，是指在风险评估实施之前进行充分的准备和计划，以确保评估过程的可控性，以及评估结果的公正性与客观性，具体准备工作如下。

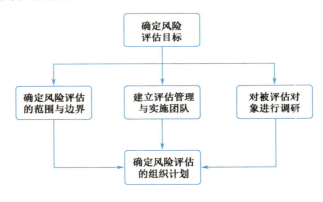

图 7-3　风险评估准备阶段流程图

第一步，确定风险评估的目标。针对评估对象的情况制定评估目标，为评估工作的实施过程指明方向。

第二步，确定风险评估的范围与边界。基于平台功能架构，评估范围既可以是单个功能层也可以是多个功能层。

第三步，建立评估管理与实施团队。评估准备阶段，需成立专门的评估团队进行风险评估工作。评估团队成员应包括评估单位领导、评估专家、技术专家等。

第四步，对被评估对象进行调研。风险评估团队应对评估的对象进行充分的、系统的调研，为风险评估的依据和方法的选择、评估的内容的选择提供可靠的依据。

第五步，确定风险评估的组织计划。一套完整的风险评估组织计划应包括团队成员、组织架构、角色、责任等内容。风险评估的工作计划应包括工作内容、工作形式、工作成果、时间进度安排等内容。

2）识别并评价资产

第一步，对资产进行识别。在风险评估过程中，应清晰识别所有需要评估对象的资产，确保划入风险评估范围内的每一项资产都被确认和评估。

第二步，对资产进行分类。根据评估对象和要求，自行根据资产情况进行相应的分类。

第三步，开展定性分析。一般将资产按其对于业务的重要性进行定性衡量，形成资产重要度列表。重要度一般定义为"高""中""低"等级别。

第四步，实施定量分析。通过对资产进行赋值，确定资产的货币相对价值。在定义价值时，需要考虑因资产受损而对企业可能造成的直接经济损失，资产恢复到正常状态所需付出的代价，资产受损对其他业务部门可能造成的影响等。

第五步，输出评价结果。在资产划分的基础上，进行资产的统计、汇总，形成完备的《资产及评价报告》。

3) 识别并评估威胁

第一步，识别威胁。应当综合考虑资产当前所处环境和历史记录情况，来对每项资产可能面临的威胁进行识别，判断每项资产可能面临的多个威胁，以及可能造成的影响与危害。

第二步，威胁分类。在对威胁进行分类之前，应当考虑威胁来源，并且根据来源可将威胁分为软硬件故障、物理环境影响、操作失误等。

第三步，量化赋值。识别资产面临的威胁后，评估威胁出现的频率，来衡量威胁严重程度。

4) 识别并评估脆弱性

第一步，脆弱性识别。利用漏洞扫描工具和渗透测试等技术手段，检测平台可能存在的风险点，并且进行人工核验。

第二步，脆弱性分类。从管理和技术两个方面进行分类。管理脆弱性可分为技术管理和组织管理两个方面，其中技术管理和具体技术活动相关，组织管理和管理环境相关。从系统构成来看，技术脆弱性还可以分为物理层、网络层、系统层、应用层等多个层面的安全问题。

第三步，脆弱性赋值。根据对资产的损害程度、技术实现的难易程度，采用分级的方式将已经识别的脆弱性划分为高、中、低三个等级。对于某个资产而言，技术脆弱性的严重程度受到组织管理

脆弱性的影响，因此单独对某个资产的脆弱性赋值需综合考虑技术管理与组织管理脆弱性的严重程度。

5）识别安全措施

安全措施可分为技术控制措施和管理控制措施两大类。平台企业应识别并整理所有与资产相关联的、现有的或已经确定计划的控制措施。

6）分析可能性和影响

资产、威胁、脆弱性和安全措施是识别风险的 4 个基本要素，在识别出这 4 个要素后，就可以找出潜在的安全风险点了。

7）风险处理

风险处理是指在对评定后的风险等级进行判定并确定其是否可接受的基础上，制定并实施风险处理计划的过程。如果风险等级可接受，则按照现有的措施进行风险控制。如果风险等级不可接受，则应采取新的安全控制措施，并且对需要投入较长时间和较高费用的高风险制定专门的处理措施，处置后进行重新评价，直到风险降低到可接受水平为止。

二、安全监控与告警：掌握安全薄弱环节

《信息安全技术　信息系统安全等级保护基本要求》（GB/T

第七章
安全管理：规范平台内部风险控制

22239—2008）中对安全事件监测及处置提出了明确要求，包括应报告所发现的安全弱点和可疑事件、应能够分析和鉴定事件产生的原因并收集证据、应对系统重要安全事件进行审计等。工业互联网平台的安全监控与告警可参考上述要求开展。

1. 设计方案

监控系统能够实时监控网络正在发生的安全事件，并且及时向技术人员提供准确的告警。平台安全事件包括针对平台应用层、平台 PaaS 层、平台 IaaS 层及边缘层等进行网络攻击的各类安全事件。监控系统在进行安全事件监控的基础上，应具备良好的可拓展性与灵活性，可根据用户的需求随时变更安全配置。

2. 设计功能

安全事件监控系统主要通过设置采集和告警规则，对工业互联网平台中的主机、数据资产及数据库、网络设备、应用软件等资产进行实时监控及风险告警。

3. 设计流程

安全事件管理主要分为三个阶段：数据采集、数据分析及事件

告警。监控系统收集安全产品的实时监控信息,根据设置的安全策略和告警规则判定事件优先级,随后将事件报送到关联分析引擎,对事件进行研判分析,并且生成新的告警记录。

4. 态势统计设计

监控系统上报的事件种类繁多,包括暴力破解、扫描攻击等主机攻击事件,SQL 注入、跨站脚本攻击等 Web 攻击事件。监控系统可将这些事件分类,并且根据事件影响、事件产生的原因进行风险计算。

三、事件应急响应:快速有效实施处置

为提高工业互联网平台安全事件应急处置能力,形成科学、有效、迅速的应急响应工作机制,最大限度地消减安全风险,确保平台的运行安全和数据安全,需制定安全事件应急响应管理制度,具体包括如下几个方面。

1. 组织机构与职责

企业应当成立安全应急协调小组(以下简称协调小组),在工业互联网平台发生安全事件后,负责领导、协调应急处置工作。协

调小组必须由公司管理团队领导,指导各部门负责人及时调动内外部资源开展处置工作。

2. 先期处置

当工业互联网平台发生突发安全事件时,事发部门首先要做好先期处置工作,采取必要措施控制事态发展,并且及时向相关管理团队报告。管理团队在接到事件信息后,要启动应急预案,组织专业技术人员初步研判,按应急预案确定先期处置目标和先期处置方案,在协调小组领导下迅速行动,开展风险消减工作,并且将相关情况上报主管部门。

3. 应急处置

应急处置应包含以下工作内容,其流程图如图 7-4 所示。

1)应急指挥

应急预案启动后,根据应急协调小组的部署,负责指挥的领导与小组成员应迅速赶赴现场,按照预案确定的职责立即开展应急协调工作。事发部门可根据需要在现场设立指挥部,并且提供现场指挥所需的相关保障。

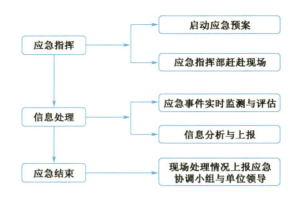

图 7-4　应急处置流程图

2）信息处理

事发部门应对发现的应急事件进行实时动态的监测和评估,及时将事件的性质、危害程度、损失情况、应急处置情况等汇报应急协调小组。应急协调小组要明确信息的收集、分析、评估,第一时间上报负责人,做好信息分析和上报工作。

3）应急结束

应急事件处置结束后,应急小组需将现场处置情况上报协调小组,并且报单位应急指挥领导团队。

4. 后期处置

应急处置措施应确保对业务系统的影响最小,在完成安全事件应急处置工作后,需对应急事件的流程进行深入分析,找出风险根源，提出切实有效的整改措施，从源头清除风险，恢复平台数据和服务。

四、人员管理：规范人员"选用育留"

工业互联网平台安全的关键因素主要在于"人"。工业互联网平台安全问题大多数源于"人"，既包括内部人员的操作风险，也包括外部人员的攻击渗透。因此，只有加强人员安全管理，制定相应的人员安全管理措施，才能有效地避免人为因素带来的平台安全风险，具体可从以下几个方面着手。

1. 人员录用

企业应当指定或委托专门的部门负责招聘，严格规范工作人员的招聘过程，对被录用人员的身份、学历、专业技能及对网络攻击和安全方面的认识与态度等进行严格审查，对被录用人员所具有的技术技能进行全面考核。同时，关键岗位人员应从企业内部进行选拔，并且签署岗位安全协议。

2. 人员离岗

对于离岗人员进行严格监管，离岗人员的离岗手续办理期间，及时终止所有的访问权限，对于离岗人员能接触到的外网系统账号

密码及时进行修改，取回离岗人员持有的各种软硬件设备和资料、手册等，严格办理调离手续，关键岗位人员离岗必须签订离岗后的保密协议。

3. 人员考核

周期性地对在岗人员进行安全技能和安全知识考核，强化安全意识。对关键岗位人员定期进行全面、严格的安全审查和技能考核，并且详细记录考核成绩，对于考核不合格的人员，调离关键岗位。

4. 安全意识教育和培训

各类人员应进行安全意识教育和专业技能培训，对安全责任和惩罚措施进行明确规定，并且通知相关人员，要求相关人员仔细阅读并签字，对于违反规定的人员进行相应的惩罚。针对不同岗位编制不同的培训计划，加强信息安全基础知识、岗位操作规程方面的培训。

5. 外部人员访问管理

外部来访人员访问受控区域前，应事先向工作人员提出书面申请，经由相关领导批准后，登记备案出入时间、来访事由、受访人员等详细情况，由专人全程陪同或监督，方可进入。对外部人员允许访问的区域、系统、设备、信息等内容应做出书面规定。单位可部署视频监控系统，对需要监控的公共区域进行 7×24 小时全天候实时监控。

五、灾难备份与恢复：确保业务稳定运行

为了对灾难进行恢复，灾难备份一般会对数据、数据处理系统、网络系统、基础设施、技术支持能力和运行管理能力进行备份。灾难备份的主要目标是保护数据和系统的完整性，使业务数据损失最少甚至没有业务数据损失。根据《信息安全技术 信息系统灾难恢复规范》（GB/T 20988—2007）的定义，灾难是指由于人为或自然的原因，造成信息系统严重故障或瘫痪，使信息系统支持的业务功能停顿或服务水平不可接受、达到特定的时间的突发性事件。

灾难备份是灾难恢复的基础。在灾难发生之前建立灾难备份系统，并且进行异地备份，加强平台的数据和系统配置的管理，以确保备份系统的可用性和完整性。当灾难发生后，可使用备份系统中备份的数据进行恢复，确保业务不中断。

根据灾备恢复的系统、数据完整性要求及时间限制等要素，工业互联网平台灾难备份与恢复应划分为 6 个等级，从低到高依次为：

第 1 级 基本支持

第 2 级 备用场地支持

第 3 级 电子传输和部分设备支持

第 4 级 电子传输及完整设备支持

第 5 级 实时数据传输及完整设备支持

第 6 级 数据零丢失和远程集群支持

不同的灾难备份与恢复等级在资源要素上的要求是不同的，这里的资源要求主要有 7 个方面，包括数据备份系统、备用基础设施、备用网络系统、运行维护管理、技术支持、备用数据处理系统、灾难恢复预案。只有同时满足某级别的全部要求，才能视为达到该级别。

第八章

解决方案：打造平台纵深防御能力

工业互联网平台向上承载应用生态，向下接入海量设备，是工业互联网的核心载体。近年来，我国工业互联网平台数量取得突破、设备规模显著增长、融合应用日趋成熟、赋能效用逐渐显现，已经从概念普及进入实践深耕阶段，加速向各工业领域渗透融合。伴随着工业互联网平台的快速发展，其面临的安全挑战也日益突出。传统环境下数据泄露、数据篡改、漏洞攻击等安全问题在平台环境下仍然存在，平台安全边界的划分和防护、安全防护系统的选择和部署等新问题又不断涌现，提升工业互联网平台安全水平已迫在眉睫。目前，我国已有多家企业在公共工业互联网平台及航天、制造、石化、电力等行业工业互联网平台安全防护方面开展了积极研究和实践，推出了各具特色、卓有实效的安全防护方案，打造保障工业互联网平台高质量发展的"定海神针"。

第八章
解决方案：打造平台纵深防御能力

整体定制，搭建公共工业互联网平台安全堡垒

公共工业互联网平台能够为多个行业企业提供大规模定制转型升级服务，但因其连接业务复杂、连接设备种类繁多、数据格式多样，故平台面临来自互联网和工业控制网的"双重"安全风险。基于此，平台企业和安全企业开发运用了集用户环境隔离、平台测试验证、操作与访问行为监控等多种技术手段于一体的解决方案，确保公共工业互联网平台的安全建设与稳定运行，保护平台用户数据的安全。

一、用友精智平台："防""管""运"三位一体

1. 业务特点

用友精智工业互联网平台定位于数字化工业应用的基础设施和面向工业服务的产业共享共创平台。该平台由基础技术支撑平台、容器云平台、工业物联网平台、应用开发平台、移动平台、云

集成平台、服务治理平台及 DevOps 平台等部分组成，融合了云计算、大数据、物联网、3D 打印、人工智能、区块链等新一代信息通信技术，能够为工业企业提供营销、采购、交易、设计、制造、3D 打印、工程、分析、财务、人力、协同、云 ERP、云 MES、金融，以及第三方 SaaS 等服务。平台以开放的生态体系，帮助工业企业实现数字化转型，促进生产方式变革，发展个性化定制、网络化协同制造等新模式，推动软硬件资源、制造资源、工业技术知识的开放、共享，促进产品质量、生产效率、经济效益与生产力的跃升。

用友精智工业互联网平台包含设备层、IaaS 层、PaaS 层，以及 SaaS/BaaS/DaaS 层，其整体架构如图 8-1 所示。

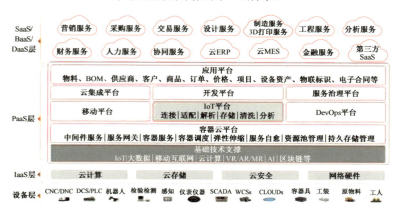

图 8-1　用友精智工业互联网平台整体架构

1）设备层

通过各种通信手段接入各种控制系统、数字化产品和设备、物

第八章
解决方案：打造平台纵深防御能力

料等，采集海量数据，实现数据向平台的汇集。

2) IaaS 层

基于虚拟化、分布式存储、并行计算、负载均衡等技术，实现网络、计算、存储等计算机资源的池化管理，根据需求进行弹性分配，并确保资源使用的安全与隔离，为用户提供完善的云基础设施服务。

3) PaaS 层

由底层的基础技术支撑模块、中间层的容器云平台、工业物联网（IoT）平台、开发平台、移动平台、云集成平台、服务治理平台、DevOps 平台及上层的应用平台等组成。支持开放协议与行业标准，适配不同 IaaS 平台，构建了多个工业 PaaS 业务功能组件，包括通用类业务功能组件、工具类业务功能组件、面向工业场景类业务功能组件等。

4) SaaS/BaaS/DaaS 层

基于四级数据模型建模，保证社会级、产业链级、企业级和组织级的统一及多级映射，提供大量基于 PaaS 平台开发的 SaaS/BaaS/DaaS 应用服务，覆盖交易、物流、金融、采购、营销、财务、设备、设计、加工、制造、3D 打印、数据分析、决策支撑等全要素，为工业互联网生态体系中的成员企业提供各种应用服务。

2. 安全需求

用友精智工业互联网平台的总体安全架构由 3 个相互关联的安全体系构成，分别为**安全防护体系，安全管理体系和安全运营体系**，如图 8-2 所示。

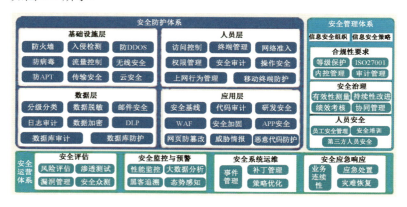

图 8-2　用友精智工业互联网平台总体安全架构

1）安全防护体系

平台各类安全防护控制措施的集合直接为平台提供防护和控制手段，安全防护体系以保护数据安全为核心内容，涵盖了数据存放者、数据使用者、数据处理者和数据本身 4 个方面的安全防护，既包括了传统安全防护技术手段，也融合了云安全、大数据等新兴安全防护技术。目前平台具备的安全防护能力主要包括设备身份管理、服务器安全、Web 应用防火墙、态势感知、内容安全、证书服务、用户管理、权限管理、会话管理、安全日志和审计、服务安全等。

第八章
解决方案：打造平台纵深防御能力

2）安全管理体系

安全管理体系规定了平台安全运行的规章、制度和流程，也规定了执行安全制度的组织架构保障，是安全架构能够成功执行的前提，能够确保各类安全控制措施有效运转，发挥最佳效果。安全管理的首要任务是建立完善的安全管理体系和信息安全组织，在此基础上，需要有效应对监管合规要求，同时需对安全治理的效果进行有效性测量和持续性改进。目前用友精智工业互联网平台在管理上通过了 ISO 27001 安全认证、可信云产品认证和 C-Star 安全认证。

3）安全运营体系

安全运营体系保障平台能够安全稳定运行，也规定了运营环节具备的安全技术手段。主要涉及安全评估、安全监控与预警、安全系统运维、安全应急响应 4 个方面，在保障各系统持续稳定运行的同时，对安全威胁进行持续的监控，在发生安全事件时能够进行快速响应和处理，确保将影响降到最小。

3. 应用实践

1）设备身份管理

平台提供设备的身份管理，对设备的接入进行控制，通过设备身份颁发、准入控制、访问控制，保障接入数据的设备可控可信。

2) 服务器安全

该平台提供云端服务器安全运维模块,可实时感知和防御入侵事件,保障服务器的安全。主要安全组件包括漏洞管理、基线检查、异常登录检测、网站后门查杀、主机异常检测、资产管理、日志检索等。

3) Web 应用防火墙

基于云安全大数据能力,防御 SQL 注入、木马上传、XSS 跨站脚本、常见 Web 服务器插件漏洞、非授权核心资源访问等 OWASP 常见攻击,过滤海量恶意 CC 攻击,避免用友云资产数据泄露,保障云平台的安全与可用性。

4) 态势感知

态势感知提供的是一项 SaaS 服务,即在大规模云计算环境中,全面、快速和准确捕获、分析导致网络安全态势变化的要素,并对当前安全威胁与过去威胁进行关联回溯和大数据分析,推导出未来可能产生安全事件的威胁风险,同时提供体系化的安全解决方案。

主要安全组件包括安全监控、入侵检测、弱点分析、威胁分析、日志分析和可视化大屏。

5) 内容安全

内容安全基于深度学习技术及海量数据支撑,提供多样化的内容识别服务,能有效帮助用户降低违规风险。

主要安全组件包括网站内容检测和图片鉴黄检测。

6) 证书服务

在云平台上联合多家国内外知名 CA 证书厂商,直接提供服务器数字证书,并一键部署在云产品中,以最小成本将所持服务从 HTTP 转换成 HTTPS。

主要安全组件包括证书管理、购买证书、一键部署、吊销证书。

7) 用户管理

用户管理涵盖所有租户/用户的整个生命周期,包括账号注册、账号使用、账号暂停、账号注销及存档全过程。

8) 身份认证

身份认证提供了识别用户身份的鉴权能力,主要认证手段包括基本的账号密码认证、动态口令认证、短信口令认证、数字证书认证、认证卡认证、生物特征识别认证等。

9) 权限管理

用户权限模型以角色 RBAC 为核心,支持功能、数据等多类权限资源。

10) 会话安全管理

在账号登录成功后到账号退出前的整个会话保持过程中，会话安全管理提供一些安全原则及要求。

11) 安全日志和审计

安全日志和审计保证用户操作过程中的敏感行为全部被记录，并且在需要时能够及时、有效地找到所需的符合规范的审计信息，提供统一的安全日志组件。

12) 服务安全

使用基于 RestAPI 签名的安全机制，以确保应用基于 HTTP POST 或 HTTP GET 请求发送调用 RestAPI 请求时，与 RestAPI 服务器之间的安全通信，防止身份被伪造及数据被恶意篡改。RestAPI 签名起到了对客户端身份验证的作用。

二、东方国信平台：管理与技术双管齐下护安全

1. 业务特点

北京东方国信科技股份有限公司依托自身丰富的制造业经验和大数据处理能力，通过自主研发、并购重组、生态构建和产融合作，提出"云+大数据"建设模式，构建集物联网、云计算、大数

第八章
解决方案：打造平台纵深防御能力

据、AI 等技术于一体的平台核心技术基础，打造了自主可控的 Cloudiip 工业互联网平台。

Cloudiip 平台横跨 29 个工业大类（占整个工业行业大类的 70% 以上），覆盖行业年产值超万亿元，面向精益研发、智能生产、高效管理、精准服务等领域，接入炼铁高炉、轨道交通设备、工业锅炉、风电设备、数控机床、工程机械、大中型电动机、大中型空压机、热力设备等 20 大类，沉淀多个工业模型和行业深度应用的工业 App。

该平台形成炼铁、能源管理、光伏、空压机服务、火电、煤矿安全、锅炉运行、热网、注塑、风电、资产等多个行业的深度应用，在能源电力、矿山、钢铁、装备制造和石油化工等领域得到了市场的广泛认可，已累计服务全球 46 个国家的工业企业，提升了重点行业设备利用率，降低了设备能耗及产品维护和服务成本，为企业带来了经济和社会效益。

2. 安全需求

Cloudiip 平台的安全建设是一个持续的过程，包括信息安全管理、安全技术防御体系的建立、领域合作和人才培养等方面。

1) 信息安全管理

工业互联网平台信息安全管理是一个控制安全风险过程，其本

质是风险管理，贯穿于整个工业互联网平台全生命周期活动中。合理的安全管理、应急保障及安全运维是平台应用普适性和可推广性至关重要的因素。

2) 安全技术防御体系的建立

随着云计算、物联网、大数据技术的不断成熟，互联网与工业网络的互联互通不断提高，工业信息安全形势也变得更加复杂严峻，存在着严重的安全风险：暴露在外的攻击面越来越大、操作系统安全漏洞难以修补、软件漏洞容易被黑客利用、DDoS 攻击随时可能中断生产等。另外，工业互联网平台、App 及应用系统自身也存在安全风险：工业设备资产可视性严重不足、很多工控设备缺乏安全设计、设备联网机制缺乏安全保障、生产数据面临丢失、泄露、篡改等安全威胁。因此，从技术层建立 Cloudiip 平台防御体系，对保障服务企业、应用的安全运行十分必要。

3) 领域合作和人才培养

安全技术的发展是一个不断演进迭代的过程，伴随新攻击形态的出现和新安全风险的出现，需要不断提升平台的安全防御水平。因此，为抵御新形态下的安全风险，加强安全研究机构和企业的合作及安全领域人才的培养十分必要。

第八章
解决方案：打造平台纵深防御能力

3. 应用实践

东方国信工业互联网云平台 **Cloudiip** 在建设过程中，实现安全要求+技术要求双轨注入，始终贯彻安全是应用的前提。进行功能研发的同时注重安全风险的把控，以安全可用为第一原则。

1) 安全管理

（1）设立工业互联网信息安全管理部门、监控部门。

该部门负责工业互联网的信息安全风险评估、建设监督和管理、技术安全体系框架的架构，以及工业互联网信息安全管理制度的制定。严肃执行东方国信《工业互联网平台信息安全管理制度》《工业互联网平台信息安全应急预案》《工业互联网平台研发人员管理制度》等文件，实行信息安全按岗、按级严肃管理并配套处罚。

（2）加强全员信息安全意识的培养。

定期进行全员信息安全培训，培养平台建设中相关人员的安全意识，实行安全红线教育。

2) 安全技术

加大自主技术的研发投入，实现软件、设备的可控，完善平台安全体系建设。

首先，建立了基于多种安全防护策略和多种安全前沿技术的防御体系，自主研发的国产新一代分布式安全数据库 CirroData 能够覆盖工业互联网平台设备安全、控制安全、网络安全、平台安全、App 安全和数据安全。

其次，建设并实施部署多种安全防御设备，如多重抗 DDos、WAF、入侵检测及病毒防火墙、上网行为管理、堡垒机、统一身份认证系统、漏洞扫描、日志审计、云安全防御资源池、虚拟主机安全加固、多租户统一管理平台、数据库审计等多种软硬件防御设施。

最后，立足自主安全可控，提供灵活、多租户环境的主机安全，形成覆盖边缘、IaaS 层、PaaS 层、SaaS 层等全面的安全体系和深度应用保护体系。关于 Cloudiip 平台安全体系和深度应用保护体系，如图 8-3 所示。

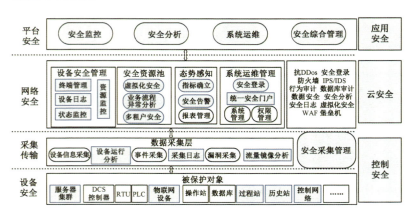

图 8-3　Cloudiip 平台安全体系和深度应用保护体系

3) 安全合作

推进同信息安全领域优秀管理机构、科研院所、企业的合作进程，加强与国内权威机构、企业持续的技术联络、研讨，共同抵御工业互联网平台的安全风险。

4) 人才培养

建设一支优秀专家团队，持续高投入，建立大数据安全协同开发、验证和应用平台，形成国内一流的科研环境，培养和汇聚工业互联网系统安全领域的高端技术人才。

三、启明星辰平台安全解决方案：多层次安全防护体系

1. 业务特点

某工业互联网平台是面向工业产业云建设的开放型平台，实现了平台化的研发与制造，能为入驻企业提供全面的工业互联网技术能力，可覆盖国内制造企业全场景流程，实现端到端、全数字化流程，大大缩短产品开发和试制的周期，并能够为用户提供按需购买的安全服务保障能力。该平台具有以下特点：

首先入驻工业企业通过该平台能快速实现从产品设计到投入生产的产品工程数据流、从供料到成品的生产工艺流、从需求到生

产的生产信息流等,帮助用户打通生产数据通道和业务通道,利用数字化、智能化运营支撑用户的智能决策,极大地提升了入驻企业的生产效率和产品质量水平。

其次入驻工业企业利用生产工艺流的打通,通过生产线的数字化,实现设备数据产生、分析和应用的闭环,通过逐层打通实现设备、线体、工厂和跨工厂的业务自治闭环。该平台可为入驻企业提升产出效率并降低设备能耗,实现高质量生产。

再次该平台可帮助入驻企业消除"信息孤岛""数据烟囱",实现生产信息流的打通,帮助用户实现客户端信息直接透传到制造工厂,按客户所需自动化生产交付。

最后该平台利用大数据分析和人工智能,为入驻企业管理层提供了全新的业务管理视角和架构,帮助运营人员及时获取生产数据,优化生产运营,快速推进信息化与工业化的深度融合。

2. 安全需求

工业互联网平台在实现建设运营方对其安全管理可视、可控、可管的同时,还需要为平台入驻企业提供上云业务系统在安全管理方面的可视、可控、可管,以及从用户角度出发的安全易用需求,两者的安全需求综合起来至少存在以下几点网络安全需求。

第八章
解决方案：打造平台纵深防御能力

1) 可靠性

根据平台云计算环境业务连续性的特点，所有设备在部署时须考虑高可靠性。建立基于全分布式技术架构，实现控制、业务、数据的分离，以及系统关键部件的解耦合，以提高工业互联网平台系统的高可靠性。

2) 虚拟化

虚拟化是平台提供"按需服务"的关键技术手段，能够根据业务用户需求，提供个性化的计算、存储、网络及应用资源的合理分配，实现不同用户之间的数据安全。

3) 安全访问

工业互联网平台应为入驻企业用户提供完善的账号管理、身份认证、授权和审计能力，以满足入驻企业用户能且仅能访问自有业务系统和数据资源，同时能为其提供安全可靠的登录身份管理。

4) 安全策略

云平台模式下计算、存储、网络等资源的高度整合，使得平台资源和服务分配仅存在基于逻辑的划分隔离，而没有物理上的安全边界。因此，安全系统的部署应该从基于各子系统的物理安全防护，转移到基于云计算网络的虚拟安全防护和检测。

5）安全审计

平台除自身建立完善的安全审计能力和技术手段之外，还应能够为入驻企业提供相匹配的安全审计能力，至少包含运维审计和数据库审计，避免因缺乏用户方有效的信息安全审计措施而导致发生安全事件时无报警信息、安全事件发生后无法追踪溯源等情况。

6）数据接入

连接工业互联网平台的生产现场工控网络中，大量上位机系统老旧，不具备攻击免疫能力，现场可能通过 U 盘或光盘等媒介传输数据。未经安全检查的移动介质很容易将病毒带入终端，并最终将病毒扩散至整个平台。因此工业互联网平台应做好工业互联网终端在进行数据上传时的身份认证、加密和数据交换。

3. 应用实践

1）总体方案设计

启明星辰为平台企业提供了覆盖入驻企业生产网数据安全认证上传，以及云平台为入驻企业提供的定制化安全检测、防护、审计、管理等能力，并围绕工业互联网平台的复杂技术条件和安全需求，形成涵盖云平台物理边界南北向大流量高复杂性的安全访问控制、攻击检测与防护，以及在平台内部实现不同租户之间在东西向访问监测、防护、审计等安全能力需求，能够提供基于平台内、外

第八章
解决方案：打造平台纵深防御能力

部安全资源池的技术实现。平台防护总体方案框架如图 8-4 所示。

（1）基础设施层。

基础设施层包括运行云平台所需的机房运行环境及计算、存储、网络、安全等基础性软硬件设备。

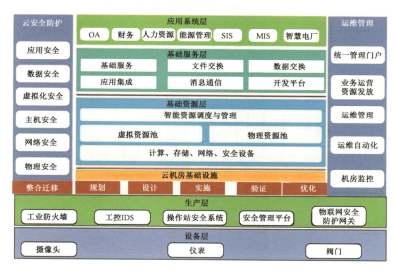

图 8-4　启明星辰工业互联网平台防护总体方案

（2）基础资源层。

资源抽象与控制层利用虚拟化技术抽象底层硬件资源，屏蔽底层硬件故障，统一调度计算、存储、网络、安全资源池。在存储资源池的构建上，采用集群统一存储技术进行构建，提供高性能的共享存储系统，并能够实现集中管理，通过文件级数据镜像技术保证存储数据的高可靠性。

(3) 基础服务层。

基础服务层主要提供 IaaS、PaaS 层云服务。

IaaS 服务包括平台云主机、云存储、云数据库服务、云防火墙、云网络（租户子网/IP/域名等）。IaaS 层服务向 PaaS 层提供开放的 API 调用。

PaaS 服务包括通用数据库、通用中间件，为上层业务应用提供标准统一的平台层服务及 API 和 SDK 开发包，供上层软件开发与部署调用。

(4) 应用系统层。

应用系统层涵盖入驻企业的大量应用业务系统，包括用户 OA、ERP、MES 及各类生产业务系统等。

(5) 云安全防护。

云安全防护至少应满足国家安全等级保护三级的部署要求，全方位防护物理层、资源抽象与控制层、云服务层的安全，包括多租户隔离、认证与审计、漏洞扫描、防 DDoS 攻击、入侵检测、数据安全等。

(6) 运维管理。

运维管理包括为云平台运维管理员提供资源管理、配置管理、服务管理、调度管理、日志管理、监控与报表等，以满足云平台的日常运营维护需求。

第八章
解决方案：打造平台纵深防御能力

（7）工控安全（生产层、设备层）。

在入驻用户生产网现场，部署工业防火墙、工业 IDS、工控主机防护、工业漏洞扫描、工业审计系统和工控信息安全管理系统，为工控现场提供安全检测、防护、审计、管理设备。

2）平台层安全方案

工业互联网平台的流量一般分为南北和东西两类，其中南北向流量包括云平台内业务系统与入驻用户企业内网办公网、生产网的互联互通；东西向流量包括工业互联网平台内符合正常业务访问逻辑关系的系统之间的互联互通。

针对工业互联网平台中入驻企业用户的安全检测、防护、审计等安全服务需求，至少可通过以下 3 种方式实现：

（1）在工业互联网平台物理边界部署安全产品（可采用传统集群或安全资源池），实现平台与外部网络的连接访问检测、防护、审计等功能；而对于平台内部用户之间的访问，则通过导流方式将流量导出，并进行安全过滤、检测、审计，再重新导回平台目的地址，从而实现逻辑上企业的访问交互经过了完整的安全访问控制检测。

（2）在工业互联网平台内部部署虚拟安全资源池，将防火墙、WAF、IDS、云堡垒、云审计、漏扫等以虚拟化形式部署在安全资源池中。外部访问工业互联网平台内部资源的流量时，先经过安全资源池进行安全检测、过滤、审计；平台内部租户之间的访问，则直接导流到虚拟安全资源池中。

（3）在有明确安全服务需求的租户虚拟机上安装虚拟化的防火墙（VFW）、IDS（VIDS）、审计系统，为用户提供相应的安全检测、防护、审计，具体体现在如下两个方面：

① 实现南北向流量安全防护。工业互联网平台边界防火墙为平台自身提供了第一层的安全访问控制能力，对来自互联网的访问进行基本的安全访问控制；Web 应用防火墙为第二层防护点，其可用于专门防护入驻企业的网站类系统；工业互联网平台数据中心防火墙与 IDS、数据库审计共同构成第三层防护点，对入驻企业系统的运维访问进行安全控制、安全检测、数据运维审计操作等，保护数据中心内部核心资源；堡垒机、漏洞扫描系统构成辅助防护点，负责对工业互联网平台的运维操作进行审计，以及对平台数据中心内的软硬件漏洞进行扫描。

② 实现东西向流量安全防护。在数据中心服务器中部署云安全资源池，实现云计算平台内部各个虚拟机之间的访问控制。针对东西向之间的网络访问，可采用安全资源池的方式对平台内部进行数据引流，实现安全检测、防护、审计等功能，如图 8-5 所示。

第八章
解决方案：打造平台纵深防御能力

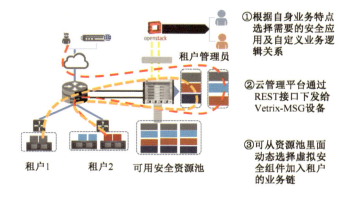

图 8-5 东西向流量安全防护

3) 生产层安全方案

该方案设计思路考虑了工业控制系统的业务连续性和工业特性，结合启明星辰当前技术体系，制定有针对性的技术路线。需部署的设备如下：

（1）控制层与生产执行层间部署能够识别工控协议的工业防火墙产品，逻辑隔离控制层与生产执行层，并设置严格的访问控制策略，杜绝利用 IP、端口、协议对控制系统进行非法访问，隔离网络攻击和病毒的跨区域串扰，保护工业环网的安全运行。

（2）控制层和生产执行层边界交换机旁路部署工控 IDS，收集、分析和检测控制系统的流量，实时监测流量是否存在攻击行为和恶意代码，及时预警网络安全威胁，提示运维人员采取处置措施。

（3）控制系统的工程师站和操作员站安装主机防护软件，通过

"白名单"技术固化工程师站和操作员站所能够运行的应用软件，保护工程师站和操作员站的安全稳定运行，而不受恶意代码的破坏；通过对主机接口的管理，防止外设在主机上随意使用。

（4）控制层部署工业信息安全管理系统，采集控制系统主机设备、网络设备、安全、业务软件的日志并统一留存和管理；对所使用的安全产品进行统一管理，主要包括数据监测、日志收集和报警展示；监控生产网全网的报警信息，在发生安全事件后第一时间采取处置措施。

（5）哑终端类设备前部署工业互联网安全防护网关，对包括视频监控等哑终端类设备进行深度发现和管控，实现生产网哑终端类设备的安全监控和管理。

四、阿里 supET 平台：综合防护保安全

1. 业务特点

阿里云依托自身在互联网领域的积累，牵头打造 supET 工业互联网平台（以下简称"supET 平台"）。supET 平台在阿里云公共云平台（IaaS）的基础上，提供 3 种可大规模复制且能解决广大中小型企业需求（也可服务于大中型企业）的工业 PaaS 服务。

第八章
解决方案：打造平台纵深防御能力

1）工业物联网服务

该服务也称阿里云工业 IoT 平台服务，可实现对工业设备的云边端一体化在线可视化管理，为开发者提供一站式、组态化的工业物联网开发平台；设备可以通过 AliOS Things 嵌入式操作系统、IoT SDK、边缘计算网关 3 种方式灵活接入工业 IoT 平台。

2）工业 App 运营服务

可实现一站式的工业 App 托管、集成、运维等服务，帮助传统工业软件开发商实现软件的平台化、线上化推广，帮助系统集成商实现"云上一站式集成"，极大地降低了中小型服务商的技术门槛和市场门槛。目前已经吸引了优海信息、博拉科技、专心智制、极熵数据等几十家工业互联网服务商的 40 多款高价值工业 App 入驻。

3）数字工厂服务

通过统一的数字工厂平台，工厂企业用户可以方便地选择不同的软件开发商和集成服务商的软硬件产品，并且可以根据自身需求进行数据和业务应用的组合定制，在数字工厂平台中统一进行管理，大大降低了制造业企业数字化转型的实施成本和风险。

2. 安全需求

supET 平台是阿里云开发的为工业企业提供从云、网络、边缘

到设备的一体化安全解决方案和安全防护机制,基于长期积累的安全风险管理和安全运营管理经验,利用大数据分析和安全态势感知能力,为工业互联网提供 6 类安全防护能力,包括终端安全、网络安全、数据安全、安全运营、可靠性运维保障服务及平台安全防护的工具库、病毒库、漏洞库等,其具体包括 20 余个功能模块。

3. 应用实践

1)终端安全

(1)设备安全。

针对工业互联网设备的不同计算能力,平台提供可裁剪、可定制的安全 SDK,包括安全启动、安全升级、安全存储、安全运行隔离、设备身份认证、业务数据分级管控、漏洞修复等能力;平台还提供多种安全芯片上的可信根软件产品,用于构建终端上的可信执行环境,支持 TEE、Secure MCU、SE、SIM、TPM 等多种安全载体,可为工业物联网终端设备提供多维度、全方位的安全保障。

(2)系统安全。

系统可以通过集成系统保护服务,实现与云端安全中心的联动,获取漏洞修补、入侵检测和系统加固的安全能力。

(3)主机安全卫士。

针对工业主机系统(包括工程师站、操作员站、服务器),在

第八章
解决方案：打造平台纵深防御能力

纵深防护体系中实现对主机节点的安全防护，确保只运行许可的代码，防止应用程序的漏洞遭到利用，全面实现对主机系统的安全防护，并支持 USB 端口管控、安全 U 盘管理、安装跟踪和敏感文件访问控制。通过与安全管理平台对接，实现集中管理、同步配置、主机系统补丁升级。

2）网络安全

（1）DDoS 防护系统。

使用自主研发的 DDoS 防护系统保护所有数据中心，提供 DDoS 攻击自动检测、调度和清洗功能，可以在 5s 内完成攻击发现、流量牵引和流量清洗全部动作，确保云平台网络的稳定性。

（2）WAF。

Web 应用防火墙（Web Application Firewall，WAF）基于云安全大数据能力实现，通过防御 SQL 注入、XSS 跨站脚本、非授权核心资源访问等 OWASP 常见攻击，过滤海量恶意访问，保障网站的安全与可用。

（3）安全隔离网关。

作为控制网络与信息网络数据传输的安全通道，安全隔离网关采用双机异构系统，通过私有协议实现从控制系统侧到信息侧的数据采集、封包、摆渡、拆包，实现安全的数据隔离交换。网关可直连控制网，支持私有协议，安全可靠性高，组态配置简单。

(4) 工控防火墙。

工控防火墙采用高性能嵌入式平台，支持 OPC、SCnet、Modbus-TCP 等应用协议的深度包检测，适用于控制系统与生产管理系统之间的网络边界隔离，以及控制系统各装置之间的网段隔离。防火墙用于阻止来自外部的安全威胁，在纵深防护体系中实现网络边界深度防护。

(5) MISGate 单向数据传输通道。

采用私有协议、加密传输，可为 OPC 服务器和 OPC 客户端之间提供便捷、可靠的有效通信。

3) 数据安全

(1) 加密连接。

安全服务框架基于一机一密的 ID2 可信根，提供在设备接入网关、网关接入云的部分实现接入双向认证，在整个通信链路上实现 TLS/DTLS 应用数据加密的能力。

(2) 安全存储。

在平台服务端提供用户隔离部署，从技术上控制生产数据流出生产集群的通道，防止运维人员从生产系统复制数据。所有用户数据可以独立加密存储、容错、灾备。

(3) 密钥管理和分发。

为用户提供安全的云端密钥托管、密钥创建与分发、加/解密等

第八章
解决方案：打造平台纵深防御能力

安全运算、密钥生命周期管理等服务，从而实现密钥的统一集中式管理。所有密钥的产生与运算都在硬件安全模块中进行，保证用户的密钥在任何时刻都无明文暴露。

4）安全运营

(1) 情报管理。

该平台提供了安全情报管理和态势感知，拥有资产管理、安全监控、入侵回溯、黑客定位、情报预警等功能特性，可有效捕捉高级攻击者使用的 0day 漏洞攻击、新型病毒攻击事件，对正在发生的安全攻击行为进行有效展示，帮助客户实现云上业务安全可视和实时感知。

(2) 物联网安全运营中心（Link SOC）。

阿里云 Link SOC（Security Operations Center）帮助管理员识别和消除 IoT 系统潜在的安全风险，保障 IoT 系统运行过程中的安全性。Link SOC 不仅修复设备自身的安全漏洞，还确保各个设备的所有行为都在允许的范围内，否则会通知管理员处理或按照既定策略阻断异常行为。

(3) 安全合规。

该平台依据标准和行业最佳实践不断完善自身的管理与机制，并通过了一系列国际标准认证和权威三方审计，其中针对国内安全合规，已率先通过了工信部云服务能力标准测试、中央网信办云计算服务安全审查（增强型）等，具备完善的平台管控机制和安全运维保障。

(4) 全网诊断。

实现大型项目整体网络设备管理和网络状态实时监测，支持冗余工控网络控制系统节点和网络设备的自动发现、映射、状态一体化监视及网络故障排除，支持网络拓扑展示，实时监控网络流量和网络设备的工作状态。

(5) 物联网可信设备认证（Link ID^2）。

阿里云建立了从产线生产、设备生产到设备认证的完整 Link ID^2（Internet Device，ID）服务能力，使一机一密的基本加密原则在终端设备中以 ID^2 可信根的形式落实，保证了设备接入、数据传输、数据存储、密钥保护和分发的安全要求，为客户提供用得起、容易用、有保障的安全方案。

(6) 物联网可信执行环境（Link TEE）。

阿里云 Link TEE 是一种嵌入式可信操作系统，提供基于硬件的可信设备能力。它可与设备的 Rich OS（通常是 Android/Linux 等）并存，具有独立的硬件执行空间，具备对安全硬件的唯一操作权限，比 Rich OS 的安全级别更高。基于 Link TEE 的操作系统能力，该平台可以开发出多种可移植的安全应用，满足物联网普遍的安全需求。

(7)安全发布管理。

supET 平台结合长期安全运营的积累和对多种行业安全规范的理解，不断完善对设备安全的最佳实践指导，提供对设备安全实践水平的检测和改进服务，保证了设备发布时的安全级别要求。

5）可靠性运维保障服务

可靠性运维保障服务能力是 supET 平台的重要组成部分，其核心目标是以平台化、系统化、自动化的方式为平台提供高可靠性的保障。主要由基础运维能力、风险预防能力、感知告警能力、链路诊断能力、容错恢复能力和客户服务能力几部分组成。

（1）基础运维能力。

基础运维能力提供平台生命周期内最基础的运维管理功能，包括云资源管理、域名管理、应用服务器管理、发布部署等能力，通过自动化系统高效、准确地维护平台的正常运转。

（2）风险预防能力。

风险预防能力通过一系列的流程、规范、机制将平台出现线上风险的概率降到最低。

① **执行变更前**：通过发布变更管理规范，包括变更三原则、变更风险评估、变更影响范围评估，发布异常时的恢复方案评估，以及变更前检查项检查、代码审查机制将变更风险降到最低。

② **变更发布后**：通过监控配置设计规范，指导变更操作，从

系统、应用、业务进行正确、有效的监控告警配置，从而使业务在出现风险时能在第一时间被感知到，最大限度地减小业务影响。

③ **风险发生前**：制定平台故障定义，分级平台功能（核心、次核心、非核心），从机制上保障受影响功能处理的时效性。另外通过应急值班机制和定期应急演练机制，培养人员在发生线上问题时的应急响应能力和经验。

④ **风险发生后**：通过故障应急流程、预先储备的风险应急能力快速对风险进行解决，并通过故障复盘形成改进行动计划，定期跟踪改进行动计划落地实施情况，形成故障生命周期闭环，避免相似的风险二次发生。

（3）感知告警能力。

通过专业的告警系统及监控项配置对业务的异常波动进行监控，发现异常后通知运维工程师进行处理，进而提前对可能造成业务影响的风险进行扑救；通过 7×24 小时的实时监控系统，将对平台的业务影响可能性降到最低。

（4）链路诊断能力。

该平台提供全链路可视化问题诊断分析功能，可通过输入异常的节点信息快速锁定链路中的异常点，缩短人工排查定位时间，快速定位问题及故障的根源。

（5）容错恢复能力。

容错恢复能力支持在物联网平台自身故障或依赖故障发生时，

可自动降级部分功能用于保护主体功能可用,并在对故障做出判断后,执行预先设计好的恢复方案进行业务恢复,最终降低了业务的影响范围和持续时长。

(6) 客户服务能力。

在客户委托授权范围内对客户提供版本迭代更新、基础运行维护、故障恢复、问题诊查、月度季度报表总结等服务内容,提高客户对平台维护期的整体满意度。

6) 平台安全防护工具

平台安全防护工具齐全,能够为工业企业提供全方位安全防护,包括应用源码白盒扫描、应用黑盒漏洞扫描、网络策略巡检扫描、主机基线漏洞扫描、CVE 漏洞监控工具、系统漏洞扫描工具、主机入侵检测系统、平台威胁监控平台、WAF 及 DDoS 防御系统等 Web 应用防护、密钥管理系统、病毒库、CVE 漏洞库等。

各有千秋，构筑行业工业互联网平台安全防线

制造、能源等行业的工业互联网平台涵盖设备生产商、软硬件技术提供商、通信服务商、信息服务提供商等多个参与方，安全服务平台产业链较长，网络安全防护对象多样，导致平台易存在防护薄弱环节。目前，航天、机械制造、石化、电力等多个行业的工业互联网平台针对各自行业特点，研发推广平台安全防护体系，综合运用多种技术手段和方法提升平台安全水平。

一、航天制造行业：航天云网工业互联网平台综合防护方案

1. 业务特点

航天云网工业互联网平台（以下简称航天云网平台）围绕企业

第八章
解决方案：打造平台纵深防御能力

设备和产品服务、研发设计优化、智能生产管控、采购供应协同、企业运营管理、社会化协同制造六大场景，构建一个跨行业、跨领域、跨地域、全系统、全生命周期、全产业链的"三跨三全"工业互联网平台，横向支持企业互联，纵向支持企业虚实结合的数字化应用，助力企业向"智能制造、协同制造、云制造"三类制造发展，有力推动了制造企业向数字化、网络化、智能化转型，促进国家工业新基础设施建设，加速我国向制造强国和网络强国发展。该平台承载的业务特点如下：

（1）*海量多源设备接入和管理。*

面对航空航天、工程机械、风电能源等海量高价值设备的接入需求，该平台提供海量设备的开放式接入和管理能力，实现多源异构设备的高可靠互联互通和设备远程控制，进一步支撑设备和产品服务优化、企业智能生产管控等应用。

（2）*工业 App 快速开发与部署运行。*

为满足企业产品研发、采购供应、企业运营等业务需求的不断变化，企业知识经验的快速更新，以及应用交付速度符合业务需求的变化，该平台提供了丰富应用场景下的工业 App 快速开发和持续交付能力，以及高可靠运行环境；该平台借助工业互联网平台技术架构，形成完整的工业 App 开发、应用生态，以即插即用的方式组装成适合用户特定工业环境需求的工业 App，从而促进工业

Know-How 知识的快速沉淀，以平台的方式实现专业知识的跨行业、跨企业传播与复用，整体提升全社会工业能力。

（3）虚实结合的数字化建模与优化。

针对研发设计优化、智能生产管控领域，产线/产品仿真、虚拟工厂等数字化应用需求，该平台提供基于模型、虚实结合的产品和产线数字化建模优化功能，使用多种建模技术（基于物理和数学的），实现物理实体和虚拟实体的模型双向沟通，从而能够实现动态、实时地评估系统当前及未来的功能和性能。

2. 安全需求

航天云网平台的安全建设参考国内外发布的安全标准，按照国家信息安全等级保护三级要求，从基础设施安全、网络安全、主机安全、数据安全、应用安全等多个维度，提供全方位的安全防护，力求打造安全可靠、自主可控的工业互联网平台。航天云网平台安全体系架构如图 8-6 所示。

航天云网平台的主要安全需求如下：

1）现场层安全需求

通过设备连接认证、安全检测及设备访问控制等手段来保障工厂设备的安全运行和数据安全。企业注册后，申请设备接入，云平

第八章
解决方案：打造平台纵深防御能力

台应能对接入设备进行标识和认证，即对接入设备的可信性进行验证，云平台应逐步实现基于证书体系的双向认证和鉴别。

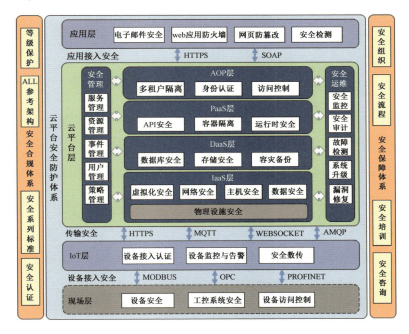

图 8-6　航天云网平台安全体系架构

2）IoT 层安全需求

IoT 层分为物联网关和平台接入两部分，物联网关提供设备接入认证、设备监控告警功能，平台接入提供设备数据加密传输功能。应部署网络边界防护设备，防护工业控制网络与企业内网或互联网之间的边界，禁止未经防护的工业控制网络连接互联网；应通过云

平台边界防护墙对工业企业接入数据流进行访问控制，如非法接入或异常访问则进行阻断；应保证接入设备和云平台之间的通信安全，保证传输数据的保密性、完整性、真实性和可用性。

3）IaaS 层安全需求

IaaS 层安全需求具体包括如下方面：

（1）基础设施安全。提供物理环境的安全防护，如机房出入控制、电力温度控制、消防安全，以及存储设备的废弃处理。

（2）网络安全。在网络边界部署防火墙、DDoS、IPS 等设备将网络划分成不同区域，配合 ACL、Iptables 规则来实现访问控制和安全隔离。

（3）数据安全。数据安全为云平台提供数据加/解密、数据防泄露、完整性校验，以及剩余信息保护功能。

（4）主机安全。主机安全包括操作系统、数据库等软件的安全加固、主机防病毒、补丁与漏洞管理，以及主机访问控制功能。

（5）虚拟化安全。虚拟化安全主要包括 Hypervisor 安全加固、虚拟机模板加固、防虚拟机逃逸及虚拟机隔离等多个方面。

4）DaaS 层安全需求

DaaS 层安全需求主要分为数据库安全和灾备两方面，重点保障数据的存储安全和备份恢复，为 DaaS 应用提供安全支撑。

5) PaaS 层安全需求

PaaS 层为用户提供开发环境和平台，从接口安全、容器隔离及运行安全等多方面提供保障。

6) AOP Spaces 安全需求

AOP Spaces 主要对外提供 Open-API，以及多租户隔离、身份认证和访问控制功能。

7) 应用层安全需求

应用层通过应用安全加固、漏洞扫描、网页防篡改、防攻击等手段来保障应用的安全。

8) 安全防护管理需求

在云平台应急部署安全管理中心实现对审计信息、安全策略、检测信息、响应等的集中管理，并实现对结果的初步分析，同时实现对大数据平台和态势感知平台的支撑。制定云平台安全事件应急响应预案，应对因安全威胁导致平台出现的异常或故障；定期对工业云平台应急响应预案进行演练，并根据实践情况，修订应急响应预案。

3. 应用实践

针对上述安全需求，航天云网平台按照分层、纵深防御的思想，分为现场层、IoT 层、云平台层和应用层,针对现场安全、IoT 网关和接入安全、云平台安全和应用安全展开综合防护。

1) 现场安全

(1) 设备安全。

设备在与网关或其他设备对接时,需要通过证书的方式检验对方身份,检查证书是否过期,是否由合法 CA 签发,检查不通过则不允许建立连接,通过认证后与对接方协商安全传输协议和加/解密算法,建立安全通道后进行数据的传输,有效避免数据被泄漏和篡改。

定期对设备进行安全检测和维护,检查设备的运行状况、系统版本,进行安全补丁升级和漏洞扫描,支持对设备的安全评估和对工控协议的测试,并生成相关的安全报告和报表。

(2) 工控系统安全。

工控系统的安全从两个方面进行保护:一方面是系统自身的安全加固,如使用标准的工控协议和网络通信协议,定期修改登录系统的账户口令,修复系统中存在的安全漏洞。另一方面是工控系统的安全防护,根据安全等级划分不同区域,区域间设置安全隔离和访问控制策略,采用第三方安全软件和设备,防护工控系统的安全。

(3) 设备访问控制。

通过在交换机上配置 ACL、Iptables、IPsec 策略来实现对设备

第八章
解决方案：打造平台纵深防御能力

的访问控制，并从流程上控制其他人员对设备的操作。

使用第三方安全厂商提供的工控安全设备和软件来实现对设备的访问控制，如工业防火墙、监测审计平台、工业互联网态势感知。

2）IoT 网关和接入安全

（1）设备接入认证。

企业设备在接入 IoT 之前，需要先通过航天云网页面进行注册，填写企业信息，通过审核后获得证书，用户再通过证书来生成授权码，最终获得令牌，调用云平台接口上传设备数据。

（2）设备监控与告警。

IoT 支持通过在设备上安装传感器或通过集成视频监控的方式实现设备的远程监控和告警，支持产品状态监测和预防性维护。

（3）加密传输。

IoT 网关在与云平台对接时，使用 SSL/TLS 安全协议进行通信。

3）云平台安全

（1）IaaS 层安全。

① 基础设施安全。航天云网平台依托完备的机房建设，并参照三级等级保护标准，规划在物理层面上的安全。对于机房中不再使用的存储设备，需要格式化和消磁操作后，再进行销毁处理，防止存储设备中的数据产生泄露。同时，严格限定运维人员、安全人员、第三方人员对于移动介质的使用，减小数据泄露风险。

② 网络安全。云平台由下至上对接云平台不同层次信息，为防御外部针对云平台发起的攻击，在平台网络出口部署防火墙、IPS、IDS、抗 DDoS 等边界防护设备，内网部署 Web 应用防火墙（WAF）保护应用安全。以 VLAN/VXLAN 技术划分不同子网，隔离平台租户网络。以 Iptables 规则实现子网之间及虚拟机之间的访问控制，增加租户主机端口开放限制条件。使用边界防火墙安全策略，做到仅开放源到目的 IP、目的端口的特定安全规则。

③ 平台数据安全。为加强平台数据、租户数据安全，各工业互联网网关及租户人员均通过 VPN、HTTPS 等加密安全隧道向云平台发送数据，并在云平台内制定严格的访问控制规则，增强安全审计技术、安全运维、安全存储、备份恢复、灾难备份等技术手段。通过安全、可靠的数据访问、使用规则，加强用户数据的安全隔离和对隐私保护的管理规定及技术手段。

④ 主机安全。在云主机端部署防病毒软件，查杀主机层病毒和木马。划分安全组、Iptables 规则，控制主机的访问，将主机根据不同需求划分为不同的安全组，以统一管理中心，对安全组和主机下发基于白名单的 Iptables 规则。增强边界管控，租户需通过特定的访问地址、访问规则和认证手段才能访问云主机。

⑤ 虚拟化安全。利用虚拟化的技术实现对物理机上不同虚拟机之间 vCPU、内存、网络等资源的隔离，避免虚拟机之间的信息窃取和恶意攻击，保证虚拟机资源的独立性，免受其他虚拟机干扰。

利用虚机化防病毒手段，查杀针对虚拟化发起的病毒、木马等攻击。

⑥ 统一管理安全。增强人员管理、流程管理，制定、完善严格的管理规范、应急处理规范、变更流程等，同时以态势感知技术强化 IaaS 层安全态势，实时了解正在发生的攻击，回溯安全事件，另外，以综合安全管理技术，全面掌控云平台、各主机、虚拟机的实时状况，巩固强化事件管理、运维管理、安全管理等。

（2）DaaS 层安全。

DaaS 层首先对数据库进行安全加固，支持数据定期备份转储，定期清理旧数据，设定磁盘报警阈值，当磁盘剩余空间小于阈值时产生告警。其次，通过数据灾备技术，实现同城或两地数据中心的双活容灾。最后，使用 Hadoop 等开源大数据产品并结合其他安全厂商的产品，提供整体的大数据安全方案。

（3）PaaS 层安全。

PaaS 层安全主要包括接口安全、容器安全和运行安全。接口提供用户认证、加密和访问控制等功能，防止接口被控制导致其在云服务端的滥用。容器安全主要保障容器间的安全隔离，每个容器相当于一个独立的操作系统，能够在容器中部署应用，彼此不受影响。运行安全主要保证应用的安全审核、应用监控、安全审计和不同应用的隔离。

4）应用安全

应用的设计遵循 SDL 安全开发流程和规范，从整个生命周期上考虑应用的安全性。部署 WAF、网页防篡改系统，实现网页文件的完整性检查和保护，并能够在网页被篡改后及时进行恢复。

二、机械制造行业：徐工汉云工业互联网平台安全解决方案

1. 业务特点

徐工汉云工业互联网平台（以下简称徐工汉云平台）能够为客户提供从边缘端到云端完整的解决方案，帮助客户快速构建、部署、运营自己的工业应用。

徐工汉云平台业务范围主要包括工程机械设备全生命周期管理、新能源车辆调度管理、设备联网，以及零部件制造智能化等，该平台在运行过程中需要支撑各种各样的业务场景，需要面临网络暴露、设备连接量大、海量数据处理、实时性要求高等各种复杂的场景。

同时，徐工汉云平台作为一个开放的平台，注册了大量的业务用户，各个用户名下又有大量设备且很多业务在运行，因此如何为用户提供安全、可靠的服务，是徐工汉云平台一直考虑的问题。

2. 安全需求

当前，随着信息技术的不断深化，工业制造技术已经进入了数据化、信息化、智能化的时代。工业互联网平台迎来重大发展机遇，同时也面临着多方面、多层次的安全威胁，如拒绝服务攻击、技术漏洞共享、系统漏洞利用、网站侵入、恶意代码攻击、密码篡改、API 安全、数据泄露及篡改、用户认证、权限控制异常等。

综合以上各种因素，徐工汉云平台在设计之初就充分考虑了各种内外部的安全问题，在如下多个层面上进行安全设计。

1）数据安全设计

数据安全设计包括数据加密、数据隐私保护、数据隔离等。

2）业务应用安全设计

业务应用安全设计包括多租户权限控制、反编译、安全审计、行为监测告警。

3）网络连接安全设计

网络连接安全设计支持隧道技术、防身份伪造、通信劫持、端到端远程控制协议等。

4）主机设备安全设计

主机设备安全设计包括对固件漏洞、协议暴露、弱密码、身份伪装方面的设计方案。

5）其他安全

利用 AI 技术进行安全威胁建模，对可能存在的问题提前进行判别并触发预置的安全措施。

3. 应用实践

针对各种潜在的安全威胁，徐工汉云工业互联网平台制定出相应的安全防护措施，设计了有针对性的安全加固方案和实施策略。

1）安全加固方案

徐工汉云平台安全加固方案从安全加固架构、安全加固策略、安全加固工具等方面进行了设计和研发。

（1）安全加固架构。

徐工汉云平台安全加固架构如图 8-7 所示。

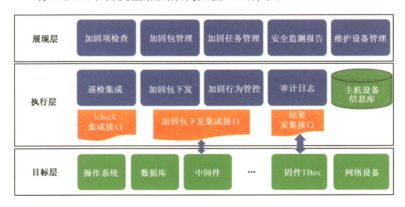

图 8-7　徐工汉云平台安全加固架构

第八章
解决方案：打造平台纵深防御能力

加固架构总体分为 3 层，从下往上依次为目标层、执行层、展现层。

通过目标层，指定需要进行安全加固的软件、操作系统、数据库，甚至硬件设备。

通过执行层，进行各种安全加固操作，以及各种与安全相关的数据采集。

通过展现层，可直观地查看到各类加固的状态信息，同时提供安全报告，为安全策略的制定和执行提供更有价值的参考信息。

（2）安全加固策略。

安全加固策略包括业务系统安全启动优化、业务应用内核参数安全调整、业务应用 SFTP 加固、安全日志配置、SSH 组件加固、业务使用文件及目录权限设定、安全连接信息记录、业务使用账户及环境设置、业务系统认证等，各类策略必须经过业务系统测试，严格验证其可行性，确保加固后不会影响业务系统本身的运行。

（3）安全加固工具。

徐工汉云平台自主设计了适合自身需要的安全工具，安全加固实施时仅需手工选择需要加固的主机，设定需要加固的内容，单击"执行"后工具自动完成加固过程，并对加固执行结果进行汇总。平台考虑到不同操作系统的差异性，设计了跨平台的用户执行界面，基本覆盖了当前各种主流操作系统，做到随处运行随处配置，大大降低了使用门槛。平台加固工具加固操作任务示例如图 8-8 所示。

图 8-8 平台加固工具加固操作任务示例

2）徐工汉云工业互联网平台的加固功能

徐工汉云工业互联网平台的加固功能主要包括业务应用 FTP 加固、安全日志配置、SSH 组件加固、业务使用文件及目录权限设定、安全连接信息记录、业务使用账户及环境设置、业务系统认证授权和存储安全加固。以下是对加固功能的简单介绍。

（1）业务应用 FTP 加固。

业务应用 FTP 加固的具体操作见表 8-1。

表 8-1 业务应用 FTP 加固的具体操作

序号	业务应用 FTP 加固
1	禁止 FTP 用户使用弱口令
2	为 FTP 用户分配不同用户名
3	禁止 FTP 用户登录 BASH 操作

第八章 解决方案：打造平台纵深防御能力

续表

序号	业务应用 FTP 加固
4	严格限制 FTP 目录权限
5	禁止 FTP 端口转发
6	所有 FTP 请求和响应都记录到日志中
7	优先使用 SFTP 协议

（2）安全日志配置。

安全日志配置见表 8-2。

表 8-2 安全日志配置

序号	安全日志配置
1	启用 syslog 服务
2	记录用户登录信息
3	记录 Xinetd 连接信息
4	记录 cron 产生的信息
5	日志文件权限设置
6	设置单个日志文件大小
7	设置日志文件最大个数
8	记录用户登录和退出事件

（3）SSH 组件加固。

SSH 组件加固的具体方式见表 8-3。

表 8-3 SSH 组件加固的具体方式

序号	SSH 组件加固
1	仅使用 ssh V2 协议
2	启用 ssh 的 StrictModes
3	设置 ssh 认证方式

续表

序号	SSH 组件加固
4	禁止以 root 远程 ssh 连接服务器
5	设置 ssh 加密算法
6	禁止 ssh 代理转发
7	设置会话超时时间
8	设置最大并行未认证连接数
9	开启子进程权限分离
10	禁用端口转发

(4)业务使用文件及目录权限设定。

业务使用文件及目录权限设定见表 8-4。

表 8-4　业务使用文件及目录权限设定

序号	业务使用文件及目录权限设定
1	为不需要挂载其他设备的分区添加 nodev 选项
2	挂载移动介质时应添加 nodev 和 nosuid 选项
3	禁止普通用户挂载可移动文件系统
4	对全局可写的目录，应设置粘贴位（不可回退）
5	限制对/etc 目录及文件的访问权限
6	限制对/bin 目录及文件的访问权限
7	限制对/boot 目录及文件的访问权限
8	限制 CC/GCC 的访问权限
9	设置 tmp 目录访问权限

(5)安全连接信息记录。

安全连接信息记录见表 8-5。

第八章
解决方案：打造平台纵深防御能力

表 8-5　安全连接信息记录

序号	安全连接信息记录
1	设置 SSH/Telnet 登录提示信息
2	创建 GUI 登录提示信息
3	创建 vsftpd 安全提示信息

（6）业务使用账户及环境设置。

业务使用账户及环境设置见表 8-6。

表 8-6　业务使用账户及环境设置

序号	业务使用账户及环境设置
1	禁止以系统功能账户登录系统
2	禁止系统中存在空密码账户（仅检查）
3	passwd, shadow, group 文件中禁止包含 "+"（仅检查）
4	系统中只允许存在一个超级用户（仅检查）
5	禁止在 root 路径中包含 "." 或全局可写目录（仅检查）
6	加固 root 用户的目录权限
7	用户 SHELL 合法性验证
8	禁止普通用户的 Dot-File 具有全局可写权限
9	删除 .netrc, .exrc, .vimrc, .forward 文件
10	设置密码规则
11	历史密码记录个数
12	限制断开连接的连续登录失败次数
13	设置锁定账户的连续登录失败次数
14	设置会话超时时间
15	用户密码加密
16	禁用 nobody 用户

（7）业务系统认证授权。

业务系统认证授权见表 8-7。

表 8-7　业务系统认证授权

序号	业务系统认证授权
1	从 PAM 配置文件中删除.rhosts
2	进入单用户模式需要认证
3	开启未知用户登录记录
4	开启登录信息显示
5	Set GRUB Password
6	记录 Sudo 使用日志
7	清除主机信任关系（Disable Trust Relationships）
8	设置 Kerberos 协议记录的有效期

（8）存储安全加固。

存储安全加固包括修改存储登录密码、修改存储默认登录端口。

3）平台安全运维监控功能

徐工汉云工业互联网平台除了进行安全加固的预防性措施外，还设计了平台安全运维监控功能，做到预防和应急处理的结合，及时发现并解决问题。

在安全运维上，徐工汉云平台实时获取设备信息，并向设备发起安全巡检，将获取到的设备安全相关信息及时入库，配合安全审计功能及时发现安全问题。平台安全巡检架构流程如图 8-9 所示。

第八章
解决方案：打造平台纵深防御能力

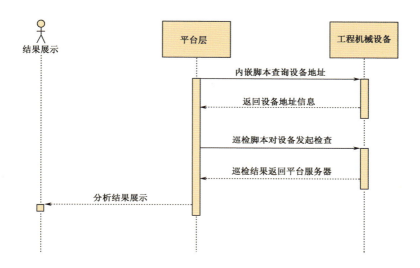

图 8-9　平台安全巡检架构流程

该巡检项从两个方面记录与用户安全相关的信息。

（1）非法用户尝试登录数。

如果某设备错误登录数超过 200 次，则平台会记录其登录次数，反映于此巡检项参数"TRY_PWD_NUM"中。

（2）可疑文件。

如果在待检设备/tmp 目录下，存在类似 dd_ssh，dt_ssh5 的文件，文件之间以分号分隔；或者在待检设备所有目录下，存在以"空格""点空格""点点空格"及"点点点"为文件名的文件，均认为是可疑文件。

徐工信息公司通过一整套安全方面的方案设计和实施，保证了

徐工汉云工业互联网平台持续为客户提供稳定可靠的服务，获得了众多用户的认可。徐工汉云平台提供的安全保障为用户树立了信心，为用户的数据、业务保驾护航，也为徐工汉云的业务拓展提供了有力的推动作用。

三、石化行业：中石油某工业互联网平台安全防护解决方案

1. 业务特点

中石油某销售公司拥有横跨多省市的油品销售体系，其业务板块涉及油库、管道、原油储运、油品销售等多个环节，经过多年的开发建设，已经完成了具有成品油销售特点的智慧油库工业互联网平台，包含储运生产控制系统、消防监控系统、视频监控系统等多个平台子系统，该平台满足了其作为中石油销售板块排头兵在业务承载能力上的需要。其业务特点如下。

（1）智慧油库工业互联网平台实现现场端多系统联动。

现场由现场 PLC、现场测控仪表、控制系统和上位机监控软件等组成，为油库管理系统、上级信息管理系统等提供通信接口和生产数据。

（2）智慧油库工业互联网平台在云端具备自动化集成功能和运营功能。

第八章
解决方案：打造平台纵深防御能力

自动化集成功能实现对油库库区自动化控制系统的综合监控、24小时安防监控等，对异常现象进行实时报警，并依靠平台系统的应急响应机制提供综合应急响应能力支撑，运营功能可实现所有库区日、周、年等不同时间段不同成品油销量的实时统计，提供市场营销经营决策的依据。

2. 安全需求

作为企业重要的业务生产管理支撑平台，智慧油库工业互联网平台需考虑系统在云、网、端三个不同层面的安全建设需求。平台在覆盖的广度、深度上不断延伸，大量软件、硬件和人员管理等也逐年暴露出越来越多的安全事件和风险，同时平台对风险、设备资产的统一监控和管理问题突出，需要对重复出现的安全事件进行整体的态势感知和预判响应。

面向智慧油库的工业互联网平台在网络安全方面需要建立态势监测能力，从数据的采集、存储、分析展现方面均面临着大量异构设备信息。需要以油库工业网络安全数据、关键基础设施安全运行数据为基础，以包含工控设备资产指纹、漏洞信息、安全设备信息、油库互联网传感数据及工业网络模型等海量数据的资源池为支撑，运用互联网、云计算、大数据及人工智能安全感知技术，通过AI分析方法精准感知网络安全威胁，全面提升该用户智慧油库业务

场景下针对网络安全的风险评估、态势感知、监测预警及应急处置能力。

1) 建立全油库库区网络安全智能化预警中心

通过一期工程,企业已在管辖的多个油库部署了安全威胁采集设备,在每个油库库区的网络入口处部署了网络安全威胁智能感知设备,由网络安全智能化预警中心统一收集分析呈现。

2) 建立智能化网络安全防护体系

感知油库网络安全态势,监控油库范围内工控设备的网络安全状态,精准识别网络内的安全威胁,实时呈现出是否有网络攻击行为、黑客活动及违规操作、非法外联等情况,准确定位攻击、故障点等要素。

3) 实现网络安全管控一体化

建立规范的企业网络安全防控体系,实现网络安全主动探知和防控,以及网络威胁从感知、发现到处理过程的标准化、流程化、智能化,建立高效、可靠的网络威胁管控机制,全面提升油库的网络安全综合防护能力。

3. 应用实践

中石油某销售公司依托启明星辰提供的技术支持,对生产现场

第八章
解决方案：打造平台纵深防御能力

进行了详细的安全评估和研讨，形成了符合自身特点的安全建设方案，通过建设完善面向智慧油库的工业互联网平台安全态势监测功能，将生产网工控资产管理与发现、安全设备日志集中收集分析、实时网络攻击检测与防护同应急处置体制建立结合在一起，围绕用户提出的"集中监控和管理、有效响应与处置"的管理目标，落地了具体的安全技术措施，搭建了工业互联网安全态势监测平台，其功能框架如图 8-10 所示。

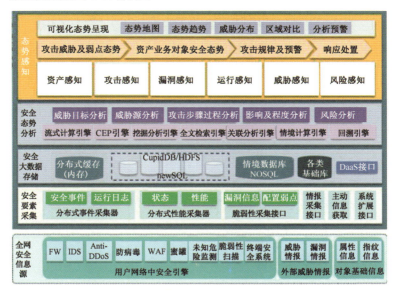

图 8-10　工业互联网安全态势监测平台功能框架

1）油库工业互联网安全威胁信息采集系统

（1）建设与完善油库生产信息系统、网络安全威胁信息采集系统，在生产网内部安全域边界部署工业 IDS、网络流量监控系统等探针类设备，实现对该用户下属各个油库生产信息系统网络流量、设备日志等数据的采集，强化对内部威胁情报信息的采集能力。

（2）在油库互联网边界部署工控蜜罐设备，模拟生产网工控资产建立虚拟的生产网络，实现将来自互联网络的攻击流量引向蜜罐设备，同时对产生的真实攻击行为进行实时上报和报警。

（3）完成油库现场生产网络安全加固，包括在安全域边界部署工业防火墙，实现安全访问控制和隔离；在生产网部署工业 IDS，实现异常流量、病毒攻击等的检测和预警；对上位机操作站主机进行安全加固，采用工控主机安全管理系统提升工控主机层面的防护能力。

2）网络安全态势感知系统

网络安全态势感知系统架构如图 8-11 所示，具体包括以下内容。

（1）建设油库工业互联网安全大数据平台。

该平台能够实现对流量数据、日志数据、运行状态数据、外部威胁情报数据等的搜集、整理和关联分析。

（2）建设感知系统。

该系统能够实现对公司信息网络和工控网络的全方位安全监测，实时感知网络安全态势，具体包含风险监测预警、威胁情报、状态监测、态势展示、资产发现与管理、平台管理等。

第八章
解决方案：打造平台纵深防御能力

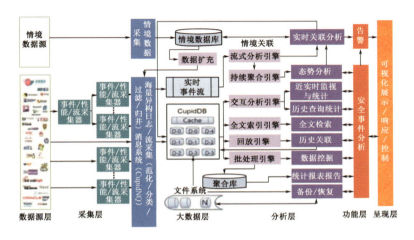

图 8-11　网络安全态势感知系统架构

（3）建设油库工业互联网安全信息共享和预警通报系统。

该系统打破安全防御的孤岛，将分散在各个油库的网络安全设备和信息系统中的安全机制有效地联合起来，统一监控、分析、调查、追溯已发生的网络安全攻击行为，提供统一的网络安全预警，形成网络安全态势感知数据交换和共享机制，为网络安全信息在石油石化内外的交换和共享提供参考。

（4）建设油库工业互联网安全应急指挥系统。

该系统包括应急指挥调度平台、应急指挥流程规范等。该系统能够在大数据平台、安全态势感知平台、信息共享和预警通报平台及其他相关系统的基础上，对涉及油库生产网中的关键信息基础设施网络攻击、网络入侵等网络安全事件进行综合研判和处置，及时

快速发布网络安全事件及相关建议,根据预置的应急方案指挥调度、协调有关应急力量进行处置,并实时跟踪事件处置进展,提升油库工业互联网安全的应急指挥和处置能力。

(5) 综合展示系统。

该系统综合展示公司油库工业互联网的安全态势,包括生产信息系统网络、工控系统网络、视频系统网络。除网络安全整体态势感知功能外,还可以从单位油库、单独工控网络、生产管理网络、视频监控网络等多维度展示网络安全整体态势。

3) 安全运营

面向智慧油库工业互联网平台的安全建设是一个系统工程,从技术支撑、组织保障、运行维护、外部合作等方面都需要进行协同联动。启明星辰集团与中石油销售板块某用户在面向智慧油库的工业互联网平台安全建设过程中,与用户一起规划、设计、建设完成了针对工业实际操作环境的统一检测平台。

(1) 油库应用基于深度算法的多模型进行态势感知。

平台在发现网络攻击时,会根据攻击行为的威胁程度采取不同的应对机制,对网络传输报文进行分类预处理,处理时根据报文 IP 头进行多维分类,基于 IP 快速分类查询算法进行分类处理,可符合网络限速查询,降低内存使用率的网络优化要求。

(2) 应用基础工控协议元素数据技术进行态势感知。

传统的态势感知仅采集分析来自安全设备、主机、网络等设备的数据，而油库最核心的数据是其监测的数据及协议中的白名单，平台在传统技术基础上融合了生产协议白名单的数据进行分析，大大提升了态势感知的准确性。

(3) 在油库应用基于全业务流程的态势感知技术。

平台结合油库生产监控系统数据与传统设备数据，进行态势感知和综合分析，将数据流采集打散，再以业务流模式进行重新标识，应用多模型进行解析。

四、电力行业：华能 AIdustry 工业互联网平台安全防护体系

1. 业务特点

华能集团推出的 **AIdustry** 是一种面向流程型行业的工业互联网平台，采用完全去中心化的星云架构，通过采集企业各类生产设备数据，利用基于人工智能的分析工具，实现设备预测、故障诊断、运行优化等应用场景。平台数据可在端节点、边缘节点进行本地计算，将有价值的结果进行上传或与其他用户进行交互，降低对存储资源和网络资源的占用、降低数据被窃取的风险、提高网络安全程度、提升整个平台体系的运转速度。

平台在电力、钢铁、煤炭和化工等多个领域实现工业资源的泛在连接，打通行业内部各个环节，加速行业数据的纵向流通与横向交互，实现制造资源的互联互通，为产业增值提效提供保障。

2. 安全需求

工业互联网平台的安全需求从工业和互联网两个视角分析。从工业视角看，安全的重点是保障智能化生产的连续性、可靠性，关注智能生产设备、工业控制设备及系统的安全；从互联网视角看，安全主要保障个性化定制、网络化协同、服务化延伸等工业互联网应用的安全运行以提供持续的服务能力，防止重要数据的泄露，重点关注工业应用安全、网络安全及工业数据安全。因此，从构建工业互联网平台安全保障体系考虑，工业互联网平台安全体系框架主要包括五大重点，即设备安全、控制安全、网络安全、应用安全和数据安全。

3. 应用实践

1）应用案例

根据华能集团工业互联网总体设计，平台在电厂侧的 II 区或 III 区部署相应的数据采集设备、边缘计算设备，在区域中心和集团部署应用大数据计算设备。

第八章
解决方案：打造平台纵深防御能力

数据采集装置 KDM、计算装置 KKM 是工业互联网平台的核心设备，其安全性对云端互信、数据安全、应用安全至关重要。KDM、KKM 面临的威胁与挑战如下：

（1）恶意程序执行。

（2）通过移动介质造成数据泄露、病毒感染等远程运维管理的需求与挑战，数据安全：设备认证签名、数据存储加密、数据传输加密（出内网情况下），来自内部、外部的异常通信对工业互联网系统和电厂系统的攻击。

基于工信部颁布的防护指南及华能集团工业互联网白皮书的安全要求，需要对 KDM、KKM 等工业互联网设备进行安全加固。

华能集团工业互联网平台安全方案如图 8-12 所示。

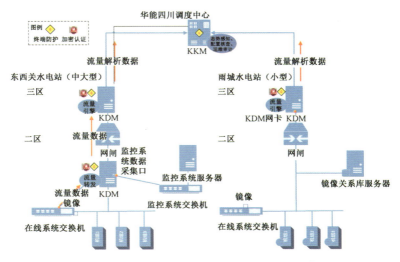

图 8-12　华能集团工业互联网平台安全方案

(1) 方案在数据采集装置或边缘计算设备接入的电厂侧接口交换机上旁路部署流量采集引擎,在电厂调度中心和区域调度中心多级部署数据挖掘管理平台,通过流量采集、机器学习、大数据分析等技术,实现在接口交换机上所有通信数据包的异常监测与审计,结合特定的安全策略,快速有效地识别出通信网络中存在的异常行为和网络攻击行为,并进行实时告警,同时可审计所有网络通信流量。

(2) 方案在 KDM 和 KKM 部署终端防护组件,并应用认证加密组件,实现对终端的移动介质管控、补丁分发、安全策略分发及进程白名单控制,确保终端可信、登录系统的用户可信、系统运行的程序可信,防止非法用户、进程及已知或未知攻击。

(3) 方案在 KKM 部署运维审计、配置核查及态势感知平台,实现对工业互联网设备的安全运维与配置核查,以及对网络安全要素的收集、存储、分析,从全局视角感知网络安全态势。

(4) 方案还将流量采集引擎、终端防护、认证加密、运维审计、配置核查和安全数据管理以软件组件的方式植入 KDM 和 KKM,作为 AIdustry 工业互联网平台安全的必需安全组件。通过防护体系的实施,增强了 AIdustry 工业互联网平台的安全发现能力,提高了安全防护水平。

第八章
解决方案：打造平台纵深防御能力

2）安全加固原则

（1）最小化原则。

网络资源、应用资源、计算资源、特权账户等资源遵循最小化开放的原则，明确安全基线。

（2）白名单原则。

基于白名单原则进行产品设计和安全策略设计，解决"封堵查杀"的局限性。

（3）SDX 原则。

基于软件定义安全的思路进行防护体系设计和产品选择。

（4）旁路原则。

旁路部署安全产品，确保业务系统的实时性。

（5）可信原则。

以国产密码为"基因"，实现可信计算、可信存储、可信传输。

3）安全架构

AIdustry 工业互联网平台安全防护建设架构如图 8-13 所示。

AIdustry 工业互联网平台通过在平台层部署流量审计、终端防护、认证加密、运维审计、态势感知、配置核查功能组件，重点解决了工业互联网平台"云端互信""数据安全""应用安全""安全管理与安全运维"等安全问题。

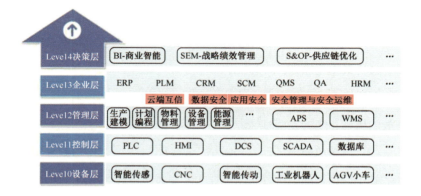

图 8-13　AIdustry 工业互联网平台安全防护建设架构

（1）流量审计。

工业网络监测与审计系统由流量监测引擎和监测与审计管理平台组成，一台监测与审计管理平台可以管理多台监测引擎。其中，监测引擎通过旁路部署在核心交换机侧，实时监听系统内数据；监测与审计管理平台对监测引擎反馈的数据进行记录、分析、展现，以及对工业控制系统网络拓扑进行可视化管理。监测与审计管理平台支持白名单、黑名单策略推送机制，可以对实际现场数据包进行机器学习，自动创建生成防护策略，生成的策略可以推送到各监测引擎，用于现场通信数据包的实时监测。

（2）终端防护。

终端防护功能能够实现对工业现场主机准入控制、安全加固、运行维护、安全审计、移动存储介质注册等多个方面的综合管理，确保全生命周期安全保障。对终端的管理采取两种不同的安全措

第八章
解决方案：打造平台纵深防御能力

施：系统加固和系统监控。

系统加固首先是对个人终端计算机的操作系统补丁和病毒库进行必要的更新，最好采用自动更新方式。保证个人终端计算机以最安全的状态运行，才能降低病毒爆发和木马病毒泛滥带来的内网安全隐患。另外，还应该对操作系统的登录进行安全增强，通过智能卡（数字证书）的方式取代用户名/密码的方式可减小终端计算机被入侵的可能性。

由于加固后的终端计算机并不能防止不良员工的违规操作所带来的安全风险，如更改网络参数（IP、DNS、网关）等，终端防护功能便通过监控技术，对这些资源滥用事件进行监控和预警，从而更好地保证了内网的可靠性。

（3）认证加密。

AIdustry 工业互联网平台使用增强的密码保护方案，在各边缘层计算设备和云端部署支持平台密码保护模型和国产商用密码标准及国际密码标的密码设备，为设备、网络、数据、平台等安全保护对象提供更全面、系统的安全保障，为工业大数据采集、传输、共享使用提供更加可以信任的网络安全环境。

（4）运维审计。

AIdustry 工业互联网平台可对服务器、网络设备、安全设备的运维操作进行监控，实现账户集中管理、高强度认证加固、细粒度访问授权控制、加密和图形操作协议的审计等功能，让内部人员、

第三方人员的操作处于可管、可控、可见、可审状态下，规范运维的操作步骤，避免了误操作和非授权操作带来的隐患；通过统一入口对用户、授权、审计、策略、资源等集中管理并记录审计信息，能够拦截非法访问和恶意攻击，对不合法命令进行阻断、过滤。

（5）态势感知。

建设一套以网络安全管理平台为核心的安全管理中心，收集系统日志、应用日志、网络安全事件、系统漏洞、配置缺陷等信息，做归一化处理并存储，采用大数据分析技术，从海量数据中挖掘出在时间、空间等均不同的各类事件之间的联系，发现低风险事件中隐藏的高危风险，并提前预警；通过结合脆弱性、情报、资产、日志等安全要素，可以对网络安全进行态势评估，发现网络整体变化规律和趋势。

网络安全管理平台技术架构分为数据摄取、数据治理、数据存储、监测分析和指挥调度等阶段，通过 UI 与可视化实现展示和人机交互。

（6）配置核查。

安全运维人员需时刻关注各类型设备的配置，对设备配置进行管理，形成周期性配置核查机制，掌控设备配置，及时了解组织内的资产配置情况。通过配置核查功能组件，可以很好地解决传统配置核查工作所面临的人员素质要求高、过程烦琐、耗时长、效率低、风险评估不及时等主要问题。

第九章

全面创新：稳操胜券掌控平台安全新局面

当前,全球新一轮科技革命方兴未艾,人工智能、区块链、边缘计算、认知计算及安全自动化等前沿基础技术实现多点突破,创新发展日新月异。

中国制造正在向中国智造转型,新应用、新业态、新模式争相涌现,在给生产生活带来便利的同时,也快速推进工业互联网平台及其安全不断迭代和演进,各种新技术、新模式进一步结合,为平台安全防护提供了新思路,驱动安全革命,助力生态成形,促进融合发展。

第九章
全面创新：稳操胜券掌控平台安全新局面

秣马厉兵：新技术驱动安全革命

近几年，全球各国纷纷针对尖端信息技术加强战略部署，从工业互联网、云计算、大数据等重点领域切入，将人工智能、区块链、边缘计算等前沿技术作为发展重点，逐步向应用领域拓展。与此同时，工业互联网平台实现创新突破发展，承载海量、多样、高速流转的数据，面临前所未有的复杂安全挑战，传统网络安全技术越来越难以应对平台安全威胁。因此，亟须以新技术构建新安全体系，驱动平台安全技术革命。

一、人工智能：引领安全的未来

人工智能（Artificial Intelligence）是一个前沿综合学科，融合了包括计算机科学、脑神经学在内的多领域知识，意在使计算机像人一样拥有智能行为，可以代替人类识别、认知、分析与决策。

随着网络攻击日趋规模化、自动化，安全检测需要由点向面扩展，工业互联网平台安全防御需要由被动转向主动，包括专家系统、机器理解、深度学习等人工智能技术将广泛应用于网络安全领域。

在网络入侵检测方面。通过对网络流量数据进行采集、处理，运用人工智能技术进行分析建模，检测 DDoS 攻击、僵尸网络等异常行为。2016 年 4 月，麻省理工学院 CSAIL 实验室与 PatternEx 联合开发基于人工智能的网络安全平台 AI^2，其在分析学习 360 亿条与安全相关数据的基础上，可预测、检测和阻止 85%的网络攻击。如图 9-1 所示为 AI^2 原理图。涉足于此的其他企业还有 Vectra Networks、Darktrace、Exabeam、CyberX 和 BluVector。

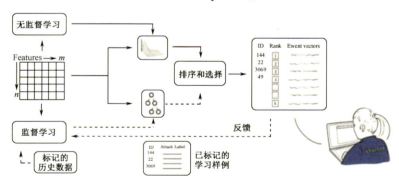

图 9-1　AI^2 原理图

在预测性恶意软件防御方面。人工智能技术提取恶意软件特征、预测其进化方向，提前进行安全防御。应用人工智能技术进行预测性恶意软件防御的相关产品逐渐成形。2016 年 9 月，

SparkCognition 推出 AI 驱动的"认知"防病毒系统 DeepArmor 可准确发现并能及时删除恶意文件，保护网络免受未知恶意软件攻击，DeepArmor 系统架构如图 9-2 所示。此外还有 Cylance、Deep Instinct 和 Invincea 等企业从事基于人工智能技术的预测性恶意软件防御研究工作。

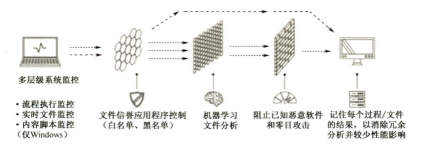

图 9-2　DeepArmor 系统架构

在网络安全态势感知方面，基于人工智能的安全态势感知系统对能够引起系统态势发生变化的安全要素进行获取、理解、显示，动态地、系统地洞悉安全风险，提高系统的网络安全防御能力。美国 Invincea 公司开发的 X by Invincea 旗舰产品可用来检测未知威胁，英国 Darktrace 公司推出的企业安全免疫系统可进行网络安全态势感知；国内卫达安全基于"人工智能"和"动态防御"技术，自主研发了 6 款"幻"系列产品。其他正在参与此类研究的初创企业还有 LogRhythm、SecBI、Avata Intelligence 等。

当前，人工智能技术重点应用于网络安全入侵检测、恶意软件

检测、态势感知分析等领域,逐步成为工业互联网平台安全水平提升的重要推动力。工业互联网平台安全防御向更快(机器学习、人工智能、自动化)、更准(行为识别、可视化)的方向加速演进,借力人工智能的学习、理解、分析与决策能力,可有效应对未知攻击,主动调整已有安全防护策略,形成全面感知、智能协同和动态防护的工业互联网平台主动安全防御体系。

二、区块链:新兴技术的尝试

区块链作为一种基于共识机制的去中心化、可溯源的分布式账本技术体系,本质是信息安全技术与共识技术等的巧妙结合与应用,并逐步演进成币圈和链圈两个方向。币圈带来的幻象与炒作余温还在,未来如何有待观察;但链圈的发展,让众多领域看到其信息安全的属性与价值。将区块链技术应用到工业互联网平台的安全防御中,可提高工业互联网平台的审计与追溯功能,提升工业互联网平台的可信安全。

1. 保护边界设备安全

2017年末创建的 Xage Security 公司宣称其"篡改验证"区块链技术平台可在设备网络中批量分发隐私数据并进行身份验证,可支持任意通信协议,适应不规则连接的边界设备,防护大量异构工业系统。

该公司已与 ABB Wireless 合作，共建具有分布式安全需求的能源与自动化项目，同时，该公司还与戴尔携手通过 Dell IoT Gateways 及其 EdgeX 平台为能源行业提供安全服务。英属马恩岛政府采用不同的方式将区块链用于边界设备的防护，通过边界物理设备的唯一身份来判断其真实性，并测试区块链技术能否用于防止工业互联网设备身份被盗用。

Filament 推出的 Blocklet 芯片直接将 IoT 传感器数据编码进区块链中，为去中心化的迭代和交换提供安全基础。

2. 提升数据机密性和完整性

区块链可用来解决数据机密性和访问控制问题，IBM 的 Watson IoT 与通用电气公司 Predix PaaS 平台都有利用区块链技术服务于数据完整性、提供数据审计的选项与应用。

区块链技术还可应用于隐私消息保护。Obsidian 采用区块链技术保护即时聊天工具和社交媒体上流转的隐私信息。与 WhatsApp 和 iMessage 之类 App 所用的端到端加密不同，Obsidian 使用区块链来保护用户的元数据。另据报道，美国国防部高级研究计划局（DARPA）正在尝试利用区块链创建外来攻击无法渗透的安全消息服务。

3. 增强公钥基础设施安全性

大多数公钥基础设施（PKI）的实现依赖中心化的第三方证书颁发机构（CA）来颁发、撤销和存储密钥对，PKI 的公钥来源与内容的真实性至关重要，借助区块链技术不可篡改的可溯源特性，可以在区块链上发布 CA 密钥用以提高公钥基础设施的安全性。

MIT 开发的 CertCoin 整体摒弃了中心证书颁发机构，将区块链作为域名及其公钥的分发账本。另外，CertCoin 还提供不带单点故障的、可审计的公开 PKI。REMME 公司则基于区块链为每个设备赋予其独有的 SSL 证书，杜绝了入侵者伪造证书的可能性。

4. 更安全的 DNS

Mirai 僵尸网络证明了网络犯罪分子可以很容易地破坏工业互联网关键基础设施。只需攻击大型网站的域名系统（DNS）服务提供商，就可以切断该网站和其他服务的网络连接。而如果用区块链来存储 DNS 记录，理论上可通过去中心化提升 DNS 安全性。

分布式 DNS 可以抵御访问请求洪泛（Flood）攻击，不会因响应过载而死机。例如，探索分布式 DNS 概念的新项目 Nebulis 就使用以太坊区块链和星际文件系统（IPFS），以及 HTTP 分布式替代协议注册并解析域名，这在一定程度上提升了 DNS 的安全性。

第九章
全面创新：稳操胜券掌控平台安全新局面

5. 抵御 DDoS 攻击

目前，互联网 DDoS 攻击峰值已超 100Gbps，如何有效应对 DDoS 攻击是工业互联网平台面临的巨大挑战。Gladius 公司宣称其去中心化账本系统可使用户有偿出租空闲带宽，而这些空闲带宽可帮助遭受 DDoS 攻击的网站节点抵御攻击。

区块链本质是一条关键数据的哈希链，层层关联，上链需达成共识的代价决定了篡改链上哈希数据的代价，如果共识算法不能有效抵制篡改，那么区块链的可溯源特性就会消失，其可信价值就将大打折扣。区块链的核心技术本质上属于信息安全技术范畴，正确地看待区块链技术的应用需要回归到信息安全与网络安全在信息化、工业化发展中的基础保障作用。当然，区块链体现的技术也不完全等同于信息安全技术，尤其是在其共识机制、智能合约等方面。

三、边缘计算：安全技术发展的新趋势

工业互联网的发展开启了大数据的黄金时代，同时也给计算能力带来了前所未有的挑战。智慧城市、智慧工业、智能驾驶、工业互联网平台等应用的落地都伴随着大量数据的产生，边缘计算应运而生。

据 Gartner 预测，到 2020 年，将有多达 200 亿台连接设备为每位用户生成数十亿字节的数据。如此巨量的数据如果全部传输到云

端进行集中处理，需要极大的带宽和极快的数据传输速度。特别是工业物联网的一些新兴计算场景，对响应时间有极高的要求，云计算已经无法满足此类需求，边缘计算由此开始进入公众视野。Gartner Group 将边缘计算确定为 2019 年的主要技术趋势之一。提供工业互联网平台解决方案的公司已经看到了这一技术的广阔前景，可以在数据被发送到云平台之前，在更接近"万物"的边缘处理数据。Forrester 的一项调查证实了这一趋势：53%的受访者预计，在未来 3 年内，他们将在边缘节点分析复杂的数据集，甚至有些人大胆预测"边缘计算将吃掉云"。

边缘计算的核心理念是将数据的存储、传输、计算和安全交给边缘节点来处理，此处的边缘计算是指在离终端更近的地方部署边缘平台，而不是让终端自己负责所有计算。大量实时的、需要交互的计算在边缘节点完成，一些需要集中处理的计算则继续交由大型云计算中心处理，如大数据挖掘、大规模学习等，这样既可以大大提升处理效率，减轻云端的工作负荷，又可避免集中式云计算产生的网络延迟问题。边缘计算的应用更加靠近用户，能更快地做出网络服务响应，满足工业行业在实时业务、应用智能、安全与隐私保护等方面的基本需求。边缘计算架构如图 9-3 所示。

边缘计算解决方案有助于在数据生成源处或附近进行数据处理。在工业互联网背景下，数据生成源通常带有传感器或嵌入式设备，而边缘计算则是园区网络、蜂窝网络、数据中心网络或云的分散扩展。在过去的 20 年中，工业互联网已启动数据中心整合项目，通过边缘计算简化运营和管理，并最大限度地降低成本。

图 9-3　边缘计算架构

1. 边缘计算助力工业互联网平台数据隐私保护

边缘计算对于工业互联网平台来说，最大的亮点就是安全性。物联网的快速发展带动产生了大量设备和数据，但是在工业互联网数据当中，并非所有数据都有价值。例如，人脸识别技术中，只需要用户面部图像特征的相关数值即可，并不需要所有的面部数据。边缘端部署的计算中心先在本地可控设备上对面部数据进行分析处理，然后将所需的特征数值发送到云端，这既减轻了传输带宽的压力，又降低了工业互联网平台隐私数据泄露的风险。

2. 边缘计算可提高工业互联网平台安全效率

在边缘计算尚未广泛应用之前，行业内就已经高度关注工业互联网的隐私保护问题，并形成了相关的保护算法。但是这些算法并不能完全适应工业互联网平台的需求，原因在于，工业互联网终端往往是嵌入式设备，其运算能力相较于云计算中心而言十分有限。如果将安全软件或复杂的加/解密算法部署其上，终端将不堪重负。但是，边缘计算的引入完美地解决了这一问题，运算能力较差的终端设备只负责将数据保存在本地边缘设备上，而运算能力充足的边缘设备负责完成相关隐私保护算法，最后将不涉及隐私的必要数据结果上传云端即可。

3. 边缘计算可提高工业互联网平台网络安全的态势感知能力

网络安全态势感知的内容是将获取的所有信息加以分析，实时评估网络的安全态势，指导管理员制定安全策略。在工业互联网背景之下，越来越多的设备开始连入网络，传统的防火墙、入侵检测等态势感知技术已经捉襟见肘。值得庆幸的是，边缘计算中心平台可以分析工业互联网内的设备日志、报警记录等信息，从而达到对工业互联网平台安全环境进行分析和评估的目的。同时，不同的边缘计算中心也可以进行合作，搭建起一个分布式的网络感知平台，以便提高系统的检测能力和响应分析能力。形象

第九章
全面创新：稳操胜券掌控平台安全新局面

地说，就像地面无数的雷达站互通数据，防范敌国来犯的飞机，各个雷达站拥有独立的计算能力，而一旦发现敌情，首先由最早发现敌情的雷达站进行数据分析和处理，然后通报给其他雷达站和指挥中心。随着边缘计算的兴起，态势感知能力的提升对工业互联网平台安全有着不可估量的价值。

排兵布阵：新模式助力生态成形

安全技术正在飞速发展，新模式也在不断涌现。安全信息与事件管理（SIEM）、用户及实体行为分析（UEBA）和访问管理等技术的结合，提高了识别威胁模式的速度和准确性。认知计算、基础设施转型、集成式安全、安全自动化等技术趋势代表着向更智能、更普遍和更有效的安全性的转变，这些技术很可能成为工业互联网平台安全市场上的颠覆性力量，助力工业互联网平台安全生态的成形。

一、认知计算：开垦"数据沃土"

认知计算是一种计算模式，早在 1979 年，认知科学就已经成为美国的一门独立学科，清华大学也有相应的专业。但是直到最近几年，这门戴着神秘面纱的前沿科技才被推到了大众面前。究其原因，除了需求侧的拉动，更重要的一点就是物联网、工业互联网的

第九章
全面创新：稳操胜券掌控平台安全新局面

兴起为其提供了营养丰富的"数据沃土"。

在工业互联网平台每天产生的海量网络数据中，可以被直接利用的结构化数据其实只占一小部分。安全分析人员从发现攻击、追踪、确认，再到做出响应、消除威胁，耗时可能是几个小时、几天甚至几周。同时，安全从业人员匮乏、水平参差不齐及缺乏有效工具等问题导致难以实现快速分析和及时响应。认知计算作为一种先进的人工智能，借助技术和算法自动从数据中提取概念和关系，独立地从数据模式和先前经验中进行学习，拓展机器可以自行完成的工作。在工业互联网平台的安全防御上，认知计算通过机器学习算法、深度学习等神经网络技术，将各种威胁联系起来，并提供切实可行的安全建议，从而更可信、更迅速地应对威胁、做出决策与响应。

1. 实现认知计算的五大关键技术

认知计算日益增强的系统模拟能力将助力人类智慧的增长。认知计算的关键技术主要包括神经网络技术、机器学习与物联网技术、自然语言处理技术、模式识别与知识库等。

神经网络技术是提供快速语音和图像识别、机器翻译的技术，目前已经有一些系统表现出媲美人类的技能水平。

随着物联网的布局，将有更多的数据生成，机器学习算法将能

对这些数据进行规划、预测,并应用于关键业务决策。

自然语言处理技术有着很直接的应用,包括聊天程序、客户服务和调查。这种人机交互将提高企业的整体效率,降低成本。

模式识别基于历史数据处理经验来分析大量的非结构化数据,从而更高效地进行数据处理,应用于决策过程。

未来的认知计算会应用于更加专业化的领域,这就需要构建更为专业化的数据库,使得认知计算系统可以被专业人士应用。

2. 认知计算应用于工业互联网平台安全的案例

IBM 的 Watson 认知计算平台通过自然语言技术和机器学习技术来挖掘非结构化数据的价值,以提升平台安全性。

Watson 认知计算平台的功能与很多物联网 PaaS 层相似,接入来自其他设备、人、周边环境等的关联性数据,由分析工具提取重要价值点。Watson 认知计算平台通过认知计算、图像分析、声音识别等技术对结构化数据和非结构化数据进行分析,了解实时状态并推理出算法模型,同时随着条件变化不断进行学习和修正。为确保工业互联网数据的安全,Watson 认知计算平台通过仪表盘和警告软件等进行风险管理,采取相应的响应措施,及时隔离企业内部任何位置发生的意外,从而有效提升平台的安全性。

Watson 的应用与推广,说明认知计算应用于工业互联网平台可发挥自然语言处理及图像、声音、文字分析等技术优势，将大幅提升工业互联网平台在识别威胁、预测风险、提出应对策略等方面的安全能力，助力工业互联网平台形成安全生态。

二、基础设施转型：变革解决方案

新技术的发展推动工业互联网基础设施转型。云、软件定义网络（SDN）、网络功能虚拟化（NFV）、容器和无服务器计算等技术将显著影响 IT 的未来及其功能的交付，从而实现更高效但更复杂的业务模式，也为工业互联网平台的安全带来了新的机遇与挑战。云计算近年来已经得到了众多工业互联网平台用户的认可，很多客户已经或者正在规划将其业务系统进行不同规模的云化，因此推动了工业互联网基础设施转型。

从管理模式上看，传统的 IT 系统通常有着唯一的运营使用单位，这样系统提供方和用户之间就有了清晰的安全职责划分，一旦系统出现安全隐患或安全事件，会有明确的责任人进行处置。在云计算这种以服务为核心的模式下，整个 IT 系统有云服务提供方、云租户和云用户等多个参与方，如何明确各自的职责，是确保云计算系统安全的一个重要前提。在这个过程中，除用户广泛关注的云计算系统的稳定性、性能、隔离等问题外，云上业务的安全性也越来越被用户重视。以下几种技术推动了工业互联网平台的基础设施转型。

1. SDN 走向主流

SDN 提出了一种全新的网络架构，能够通过逻辑上的集中控制平面实现网络管理及控制的集中化与自动化。SDN 正在成为提供商未来收入模式的重要组成部分。

网络安全企业为 SDN 构建的许多解决方案现在均已付诸实践。在早期，盛科网络提出了一种基于 SDN 的安全解决方案，将 SDN 交换机部署至机房入口路由的位置。入侵检测系统、入侵防御系统、防火墙等安全设备全部连接到这个 SDN 交换机上，SDN 控制器根据需求，向交换机下发相应的策略，使特定的流量经过特定的安全设备进行检测与防护。当然这种方案还可以将同一条数据流依次调度到不同的安全设备，实现安全服务链。SDN 架构如图 9-4 所示。

2. 网络功能虚拟化已广泛应用

传统的网络服务通常采用私有专用网元设备来实现，如深度包解析设备、防火墙设备、入侵检测设备等。网络功能虚拟化（NFV）利用互联网虚拟化技术，将现有的各类网络设备功能整合进标准的互联网设备，如高密度服务器、交换机、存储器等，通过管理控制平台实现网络或安全功能的自动化编排。

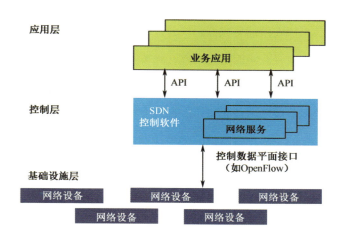

图 9-4 SDN 架构

NFV 将改善广域网选项和功能的快速交付，当前已在通信服务中广泛应用。NFV 技术有助于通信服务更快地提供更多数量的本地托管功能，如路由、防火墙和广域网控制器。由此可大大降低物流成本，同时提供增强的托管服务集成和按需体验，提供可靠、快速和高效的安全性。因此，也可将 NFV 技术推广至工业互联网平台，应用 NFV 将各类设备整合进工业互联网平台标准设备，通过管理控制平台实现网络或安全功能的自动化编排，NFV 架构如图 9-5 所示。

3. 无服务器计算开辟新的计算机服务体系

无服务器计算（也称为功能平台即服务）实质上剥离了底层计

算和操作系统元素的可见性,仅公开应用程序接口,可以实现需要大量计算和内存资源的特定功能,并按需提供服务。无服务器计算是一种云服务,托管服务提供商会实时分配充足的资源,而不是预先分配专用的服务器或容量。这是一个重大的技术突破。工业互联网数以亿计的终端设备会同时使用计算资源,应用无服务器计算将会大规模降低成本和提高效率。

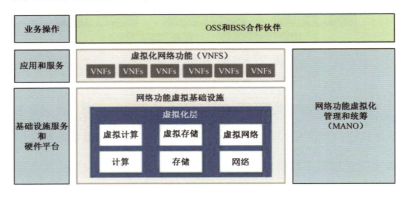

图 9-5　NFV 架构

云、SDN、NFV 和无服务器计算等新兴技术正在改变目前产品在典型企业环境中集成和部署的方式。利用这些新兴模式的工业互联网平台将制定出比现在更高效、更全面、更完整的解决方案,减少对硬件或静态结构的依赖。从根本上说,这些变化将影响工业互联网平台安全解决方案的设计和部署,具有长期市场潜力。工业互联网平台必须面对并利用这些新功能及其对基础设施的变革性影响，以应对未来的挑战。

三、集成式安全：创新安全模式

在工业互联网等新型数字业务环境中实施和管理安全控制的需求，推动了新型数字业务基础架构中可捆绑安全功能的不断发展。可信平台模块（TPM）和云访问安全代理（CASB）等集成安全模型的应用将越来越广泛。

1. 可信平台模块

TPM（Trusted Platform Module，可信平台模块）是根据国际行业标准组织可信计算组（TCG，其中包括微软、英特尔和惠普等公司）规范制作的模块，利用安全的经过验证的加密密钥来提升设备的安全性，其核心是签注密钥。另一个关键密钥是存储根密钥，它用来保护其他应用程序创建的 TPM 密钥，使这些密钥只能由 TPM 通过绑定过程来解密。与签注密钥不同，只有当 TPM 设备第一次被初始化或新用户获得所有权时，存储根密钥才会被创建。TPM 结构示意图如图 9-6 所示。

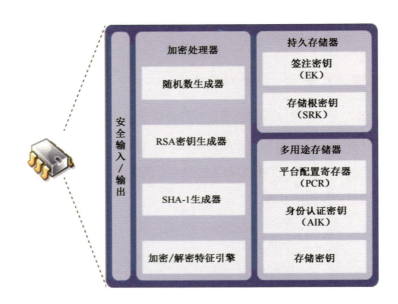

图 9-6　TPM 结构示意图

TPM 可以通过平台配置寄存器（PCR）机制来记录系统的状态，允许 TPM 进行预启动，检查系统完整性。TPM 模块将数据加密密钥存储在 TPM 中，并利用一系列参考值来检查 PCR 的状态，对数据进行有效保护。TPM 在工业互联网平台的安全防护中可以有以下几个方面的应用：

（1）存储、管理 BIOS 开机密码及硬盘密码：将密钥存储于固化在芯片的存储单元中，使工业互联网平台的安全性大幅提高。

（2）TPM 安全芯片可以进行范围较广的加密：除平台登录密码、硬盘密码的储存外，用户还可以将智能设备等密码存入 TPM 安全

第九章
全面创新：稳操胜券掌控平台安全新局面

芯片当中。

（3）加密硬盘的任意分区：配合软件可以加密硬盘的任意一个分区，并将敏感数据存入其中。工业互联网平台的备份恢复功能就是该功能的一种应用。

在工业互联网平台中，许多智能设备没有足够的计算能力来部署传统的安全软件，这推动了在芯片级嵌入安全性的发展。TPM 是保证系统完整性的安全架构模型之一，覆盖从安全启动到运行各种应用程序的各环节，其总体目标是确保配置或运行操作系统时不会发生计划外的更改。

工业互联网网关的部署旨在集中管理和配置多个设备和传感器，这些网关将用于许多安全控制功能，如网络访问控制规则的实施、加密、安全监控和设备管理等，以保证数据机密性、完整性和可用性。随着时间的推移，工业互联网环境中基于网关的安全控制部署将逐步发展，首先是在通用工业互联网网关中集成安全控制（如针对工业互联网网关的 Webroot BrightCloud 威胁情报），随着安全要求和复杂性的增加，这些部署将扩展到安全物联网网关。

2. 云访问安全代理

企业业务向云端的迁移和过渡催生了云访问安全代理（CASB）系统。调查机构 Gartner 公司的报告指出，到 2020 年，85%的大型企业将采用 CASB。作为部署在云服务使用者和提供商之间的"代理人",CASB 能够嵌入工业互联网平台安全策略,通过整合云服务检测评估、单点登录、设备或行为识别、加密、凭证化等多种安全技术,对云上资源的连接访问过程进行监控和防护。

CASB 作为集中式网关的组成部分有四大安全功能:可见性、合规性、数据安全性和威胁防护。CASB 能够提供云服务使用情况的统一视图,按照法规和标准实现数据驻留功能,通过集成加密/标记化和数据丢失防护(DLP)等工具,提供以数据为中心的安全策略,从而提升数据安全性,发现、分类并监控用户活动。CASB 示意图如图 9-7 所示。

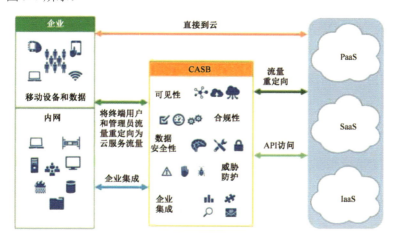

图 9-7　CASB 示意图

3. 趋势预测及影响

由数字业务计划驱动的新需求将影响安全控制的部署方式，TPM 和 CASB 等新型集成模型将会更加广泛地应用。虽然在可预见的未来，作为独立功能提供的安全控制措施不会消失，但因为这些功能已集成在不断发展的基础架构的不同组件中，集成式安全模型的广泛应用将逐渐取代独立功能的安全措施。

随着嵌入式安全功能的普及，对独立安全控制设备的依赖将逐渐降低，工业互联网设备制造商可以在其硬件中集成安全功能，这对工业互联网平台安全来说意义重大。

四、安全自动化：提升防护

安全专家 Nick Bilogorskiy 在全球信息安全峰会 RSA 2019 上表示，自动化响应相比人工能节省 80% 的时间。安全自动化，尤其是与安全相关的自动化，将继续成为今后工业互联网平台安全的颠覆性力量。提供"检测和响应"解决方案的提供商已经开始采用自动化方式完成一些重复性大、耗时较长的工作。

工业互联网平台安全策略不仅需要考虑如何在其解决方案中引入自动化，还需要考虑如何在其解决方案中体现自动化的价值。那么如何将安全自动化应用在工业互联网平台安全防护中呢？

1. 上下文用以理解威胁并划分威胁优先级

在工业互联网平台安全运营中,上下文来自内部威胁及事件数据与外部威胁的聚合与加成。通过将内部环境中的事件及相关指标(如源自 SIEM 系统、日志管理库和案例管理系统的事件和指标)与外部有关攻击者、攻击指标、攻击方法的数据相关联,就可以获得有助于理解攻击者、攻击对象、目标位置、攻击时间、攻击动机和攻击方法的相关上下文了。

2. 划分优先级以确定重点

可以基于与工业互联网平台自身运行环境的相关性来划定优先级。由于平台的相关性各不相同,因此基于自身现状设立的参数评估体系很重要。过滤掉不重要的噪声可以帮助平台厘清应该首先着手处理哪些事件,将时间、精力集中到对平台而言最重要的事务上,不至于舍本逐末。

3. 抓住重点,做出明智决策

没有了噪声和误报的干扰,就能集中精力分析和理解重要事务。无论是在 SIEM(安全信息和事件管理)及评估警报工作中,还是在事件响应平台观察案例中,都应着重关注上下文、重点和延迟时间等参考量,以做出更明智的决策。

第九章
全面创新：稳操胜券掌控平台安全新局面

运筹帷幄：新思路树立必胜之心

随着我国互联化、物联化、智能化的迅速发展，工业互联网将进入大发展时代，预计 2025 年我国工业互联网将达 10 万亿元规模，比肩消费互联网。工业和信息化部陆续发布《工业互联网发展行动计划（2018—2020 年）》《工业互联网平台建设及推广指南》等文件，多次强调应明确平台安全等防护要求、落实企业安全主体责任。但总体而言，平台安全防护还缺乏统一规范，整体安全解决方案发展滞后，防护效果难以满足平台业务拓展需求。为确保平台高质量发展，急需从"立标准、强技术、重防护、促管理、建生态、育人才"等多方面齐发力，以新战术、新思路打造工业互联网平台"铜墙铁壁"，提升平台安全能力和水平。

一、立标准，制定工业互联网平台安全基本依据

标准是保障产业发展的基础。为促进我国工业互联网平台的发展，应加快构建平台安全标准体系，统筹推进平台安全标准化工作，加快制定平台安全指南，围绕架构、功能、接口、应用、互操作等方面建立安全规则。制定数据安全规范，研制工业数据分类分级指南，围绕平台数据收集、存储、传输、共享等各环节，明确差异化安全机制和策略。积极开展安全标准宣贯，组织安全知识技能培训，提升平台企业安全意识，加快推进相关标准的落实。积极主导或参与工业互联网安全国际标准化活动及工作规则的制定，推动具有自主知识产权的标准成为国际标准，逐步提升我国在工业互联网安全国际标准化组织中的影响力。

二、强技术，构建工业互联网平台安全核心能力

工业互联网的安全问题凸显了自主可控技术的重要性，要从国家、行业、企业等各层面重视智能制造所需关键技术的自主研发。一要加紧强化核心技术攻关，突破安全芯片、操作系统、服务器等产品的关键核心技术，确保平台基础技术供给能力。二要加强安全技术研究，强化威胁诱捕、态势感知、协议解析等安全产品研发，完善平台安全技术手段。推进新兴技术应用，探索运用区块链、人

第九章
全面创新：稳操胜券掌控平台安全新局面

工智能等新兴技术，健全平台安全认证、主动防御机制，创新平台安全解决方案。三要打造平台安全可信技术架构，以"零信任"理念规划工业互联网安全体系和部署网络安全设备，重新建立动态、可信的访问授权机制，实现全面身份化、授权动态化、风险度量化、管理自动化。

三、重防护，提升工业互联网平台安全保障水平

支持与促进平台企业提高自身安全防护能力，在重要平台网络出入口、平台内部署安全运行监管设备，掌握平台侧安全态势，监测敏感数据跨境传输风险。加强国家工业互联网平台安全监测预警能力建设，建设国家工业互联网平台安全监测预警系统，接入各平台态势感知数据，实时、动态展示平台安全情况，打造多级协同联动的态势感知网络，实现对重要平台接入设备、控制系统、运行数据的风险实时监测。鼓励跨行业、跨领域工业互联网平台率先应用部署平台侧安全监测系统，感知边缘层、IaaS 层、PaaS 层和 SaaS 层等的安全状态，切实提升工业互联网平台安全防护水平。

四、促管理，落实工业互联网平台企业主体责任

综合考虑平台企业业务特征、价值规模、服务行业重要性等因素，建立平台企业分类指标体系，开展企业分类评定，形成平台企

业清单。强化平台企业数据安全管理责任，结合数据价值、敏感程度和危害程度，督促建立分类分级的数据安全管理制度，对平台各级数据从加密、认证、签名、隔离、脱敏等方面规范安全保护要求，确保工业数据完整性、保密性和可用性。组织平台企业开展数据鉴权、确权，针对平台自身业务数据、采集处理分析的工业数据、其他交互数据等不同类别的数据，对它们的收集、存储、使用、转移、删除等环节提出差异化的安全指标，实现平台数据的有效隔离与分类管理。

五、建生态，培育工业互联网平台安全解决方案

分行业、分领域、分地区支持平台安全解决方案试点应用，形成示范效应。依托国家新型工业化产业示范基地（工业信息安全），调动各方力量打造工业互联网平台相关产业集聚区，培育一批技术实力强、安全水平高、服务质量优、产业整合能力强的龙头企业，构建工业互联网平台安全生态。重点提升国家安全技术机构和公共服务平台的工控设备、边缘终端、工业 App 安全质量检测能力，面向工业用户企业、接入设备厂商、App 开发者提供进网前安全检测服务。

六、育人才，打造工业互联网平台安全专业队伍

建立健全工业互联网平台安全专业人才培养机制，为工业互联网平台发展和壮大提供源源不断的新鲜血液。工业互联网几乎涉及所有关乎国计民生的重要行业和重要领域。工业互联网平台安全作为跨学科专业，要求专业人才不仅具备传统的信息安全专业知识，还需要具备电气自动化等跨行业、跨领域知识。因此，在工业互联网发展和规模化的应用过程中，对于专业人才的需求将十分迫切，需要政府、工业企业、安全行业、高校和研究机构通力合作，应用新手段、新思路，全面提升我国工业互联网平台安全人才储备能力和人才水平。

"路漫漫其修远兮",书的完结只是开启了工业互联网平台安全研究的序章。回归现实,保护工业互联网平台安全必定是一场"没有硝烟的持久战"。

然"道不可坐论,德不能空谈",工业互联网平台安全与每个参与主体乃至国家整体的安全与发展息息相关,需要包括政府、企业、个人在内的全社会成员的共同努力,唯有如此,才能形成国家合力,保障国家安全、企业发展、人民利益。"志之所向,无坚不入"。我们应根植于此,深耕不辍,为实现网络强国、制造强国的目标贡献力量。

附录

我国工业互联网安全相关政策

《工业控制系统信息安全防护指南》

工业控制系统信息安全事关经济发展、社会稳定和国家安全。为提升工业企业工业控制系统信息安全(以下简称工控安全)防护水平,保障工业控制系统安全,制定本指南。

工业控制系统应用企业以及从事工业控制系统规划、设计、建设、运维、评估的企事业单位适用本指南。

工业控制系统应用企业应从以下十一个方面做好工控安全防护工作。

一、安全软件选择与管理

(一)在工业主机上采用经过离线环境中充分验证测试的防病毒软件或应用程序白名单软件,只允许经过工业企业自身授权和安全评估的软件运行。

(二)建立防病毒和恶意软件入侵管理机制,对工业控制系统及临时接入的设备采取病毒查杀等安全预防措施。

二、配置和补丁管理

(一)做好工业控制网络、工业主机和工业控制设备的安全配置,建立工业控制系统配置清单,定期进行配置审计。

(二)对重大配置变更制订变更计划并进行影响分析,配置变更实施前进行严格安全测试。

(三)密切关注重大工控安全漏洞及其补丁发布,及时采取补丁升级措施。在补丁安装前,需对补丁进行严格的安全评估和测试验证。

三、边界安全防护

(一)分离工业控制系统的开发、测试和生产环境。

(二)通过工业控制网络边界防护设备对工业控制网络与企业网或互联网之间的边界进行安全防护,禁止没有防护的工业控制网络与互联网连接。

(三)通过工业防火墙、网闸等防护设备对工业控制网络安全区域之间进行逻辑隔离安全防护。

四、物理和环境安全防护

(一)对重要工程师站、数据库、服务器等核心工业控制软/硬件所在区域采取访问控制、视频监控、专人值守等物理安全防护措施。

(二)拆除或封闭工业主机上不必要的 USB、光驱、无线等接口。若确需使用,通过主机外设安全管理技术手段实施严格访问控制。

五、身份认证

（一）在工业主机登录、应用服务资源访问、工业云平台访问等过程中使用身份认证管理。对于关键设备、系统和平台的访问采用多因素认证。

（二）合理分类设置账户权限，以最小特权原则分配账户权限。

（三）强化工业控制设备、SCADA 软件、工业通信设备等的登录账户及密码，避免使用默认口令或弱口令，定期更新口令。

（四）加强对身份认证证书信息保护力度，禁止在不同系统和网络环境下共享。

六、远程访问安全

（一）原则上严格禁止工业控制系统面向互联网开通 HTTP、FTP、Telnet 等高风险通用网络服务。

（二）确需远程访问的，采用数据单向访问控制等策略进行安全加固，对访问时限进行控制，并采用加标锁定策略。

（三）确需远程维护的，采用虚拟专用网络（VPN）等远程接入方式进行。

（四）保留工业控制系统的相关访问日志，并对操作过程进行安全审计。

七、安全监测和应急预案演练

（一）在工业控制网络部署网络安全监测设备，及时发现、报告并处理网络攻击或异常行为。

（二）在重要工业控制设备前端部署具备工业协议深度包检测功能的防护设备，限制违法操作。

（三）制定工控安全事件应急响应预案，当遭受安全威胁导致工业控制系统出现异常或故障时，应立即采取紧急防护措施，防止事态扩大，并逐级报送直至属地省级工业和信息化主管部门，同时注意保护现场，以便进行调查取证。

（四）定期对工业控制系统的应急响应预案进行演练，必要时对应急响应预案进行修订。

八、资产安全

（一）建设工业控制系统资产清单，明确资产责任人，以及资产使用及处置规则。

（二）对关键主机设备、网络设备、控制组件等进行冗余配置。

九、数据安全

（一）对静态存储和动态传输过程中的重要工业数据进行保护，根据风险评估结果对数据信息进行分级分类管理。

（二）定期备份关键业务数据。

（三）对测试数据进行保护。

十、供应链管理

（一）在选择工业控制系统规划、设计、建设、运维或评估等服务商时，优先考虑具备工控安全防护经验的企事业单位，以合同等方式明确服务商应承担的信息安全责任和义务。

（二）以保密协议的方式要求服务商做好保密工作，防范敏感信息外泄。

十一、落实责任

通过建立工控安全管理机制、成立信息安全协调小组等方式，明确工控安全管理责任人，落实工控安全责任制，部署工控安全防护措施。

附录

我国工业互联网安全相关政策

《工业控制系统信息安全行动计划（2018—2020年）》

工业控制系统信息安全（以下简称工控安全）是实施制造强国和网络强国战略的重要保障。近年来，随着中国制造全面推进，工业数字化、网络化、智能化加快发展，我国工控安全面临安全漏洞不断增多、安全威胁加速渗透、攻击手段复杂多样等新挑战。为全面落实国家安全战略，提升工业企业工控安全防护能力，促进工业信息安全产业发展，加快我国工控安全保障体系建设，制定本行动计划。

一、总体要求

（一）指导思想

全面贯彻落实党的十九大精神，以习近平新时代中国特色社会主义思想为指引，坚持总体国家安全观，以落实企业主体责任为关键，紧紧围绕新时期两化深度融合发展需求，重点提升工控安全态势感知、安全防护和应急处置能力，促进产业创新发展，建立多级联防联动工作机制，为制造强国和网络强国战略建设奠定坚实基础。确保信息安全与信息化建设同步规划、同步建设、同步运行。

坚持落实企业主体责任。确立企业工控安全主体责任地位，强化责任意识，把工控安全作为工业生产安全的重要组成部分，将安全要求纳入企业生产、经营、管理各环节。

坚持因地制宜分类指导。准确把握工控安全在不同行业、不同地区的发展基础和特征，结合工控安全威胁的多样性和复杂性，分类别、分层次、分步骤精准施策。

坚持技术和管理并重。统筹技术防护与安全管理，充分运用先进技术提升工控安全防护能力，创新企业安全管理机制，全面落实安全管理制度。

（二）主要目标

到 2020 年，全系统工控安全管理工作体系基本建立，全社会工控安全意识明显增强。建成全国在线监测网络、应急资源库、仿真测试、信息共享、信息通报平台（一网一库三平台），态势感知、安全防护、应急处置能力显著提升。培育一批影响力大、竞争力强的龙头骨干企业，创建 3～5 个国家新型工业化产业示范基地（工业信息安全），产业创新发展能力大幅提高。

二、主要行动

（一）安全管理水平提升

落实企业主体责任。企业依据《中华人民共和国网络安全法》

建立工控安全责任制，明确企业法人代表、经营负责人第一责任者的责任，组建管理机构，完善管理制度。贯彻落实《工业控制系统信息安全防护指南》安全要求，持续加大工控安全投入，落实防护技术改造和隐患治理专项经费，积极开展防护能力评估。

落实监督管理责任。工业和信息化部统筹制定工控安全政策标准，开展宣贯培训，定期组织全国检查评估，对纳入审查范围的工业控制系统产品与服务实施安全审查。地方工业和信息化主管部门加快工控安全地方性法规建设，建立重要工业控制系统目录清单，加强日常监督管理，安排专项资金推动地方监测、预警、应急等保障能力建设，持续完善地方工控安全保障体系。

（二）态势感知能力提升

建设全国工控安全监测网络。支持国家级工业信息安全技术机构持续完善主动监测、被动诱捕、威胁情报获取等工控安全在线监测手段，扩展工业控制系统资产识别种类，提高识别精准度和搜索效率。建设以国家工控安全在线监测平台为中心，涵盖省级重要节点的监测网络，实现对全国重要工业控制系统运行状态、风险隐患的实时感知、精准研判和科学决策。

实施信息共享工程。鼓励行业主管部门、企业、科研院所、联盟协会等机构和个人积极参与信息共享工作，建立共享清单，明确共享内容，推动形成政府引导、企业主体、社会参与、利益共享的工作机制。充分利用云计算、大数据等技术手段，建设国家工控安全信息共享平台，实现信息的安全、可靠、及时共享。

（三）安全防护能力提升

加强防护技术研究。 支持建设工控安全靶场、仿真测试等共性技术平台，研发工控安全防护技术工具集，加强分区隔离、安全交换、协议管控等关键技术攻关。开展防护能力建设试点示范，形成可复制、可推广的安全防护整体解决方案。探索工业云、工业大数据等新兴应用的安全架构设计，开展工业互联网安全防护技术研究和创新。

建立健全标准体系。 制定工控安全分级、安全要求、安全实施、安全测评类标准，加快工控安全防护能力评估、工业控制系统设备产品安全、工业互联网平台安全等急用先行标准的发布和应用，鼓励企业、科研院所、行业组织等参与国际标准化工作。

（四）应急处置能力提升

开展信息通报预警。 制定《工业信息安全信息报送与通报管理办法》，建立信息通报员、日常信息通报、应急信息通报、风险预警等制度。建设工控安全信息通报预警平台，及时发布风险预警信息，跟踪风险防范工作进展，形成快速高效、各方联动的信息通报预警体系。

建设国家应急资源库。 按照《国家网络安全事件应急预案》总体要求，支持国家级工业信息安全技术机构建设应急资源库，实现信息采集、辅助决策、预案演练等功能。在突发工业信息安全事件时，支撑行业主管部门协调技术专家和专业队伍对事件开展分析研判，并调动相关应急资源及时有效地开展处置工作。

（五）产业发展能力提升

培育龙头骨干企业。 面向工控安全领域产业发展需求，加快培育一批技术水平高、业务规模大、竞争能力强的工业控制系统生产企业和安全服务商，支持龙头骨干企业突破核心技术，研发关键产品、提高服务能力、创新商业模式，联合工业企业开展优秀产品及解决方案示范，推动行业应用。

创建国家新型工业化产业示范基地（工业信息安全）。 选择工业基础雄厚、产业链条完备、聚集效应明显的地区建设国家新型工业化产业示范基地（工业信息安全）。围绕工业控制系统技术研发、应用示范、产融合作、人才培养等关键环节，探索产业发展路径，促进产业集聚发展，发挥先行先试和示范带动作用。

三、保障措施

（一）加强组织协调

在国家制造强国建设领导小组统一领导下，加强工控安全保障体系重大决策、重大工程和重大问题的统筹协调，全面落实行动计划各项任务。各地工业和信息化主管部门要加强本地区统筹管理，做好行动计划的贯彻落实和组织保障。

（二）加大政策支持

坚持政府引导和市场运作相结合，充分调动社会力量支持工控安全保障体系建设。支持有条件的地方设立专项，加大对工控安全基础设施建设、关键技术验证测试平台建设、产业创新发展的支持力度。利用国家政策性信贷资金支持工业信息安全产业示范基地建设。

（三）加快人才培养

鼓励工业企业加强与院校合作，联合培养工控安全专业人才。打造国家工控安全高端智库，为工控安全战略部署、规划制定、决策咨询、重大问题提供智力支持和技术支撑，培养一支门类齐全、技术精湛的工控安全专业人才队伍。

（四）鼓励社会参与

充分发挥行业协会、产业联盟等中介组织的积极作用，支持开展技术研发、技能竞赛、标准推广、公共服务、国际合作等工作，促进技术交流、加强信息沟通，形成政产学研用高效联动的发展格局。

附录
我国工业互联网安全相关政策

《工业互联网发展行动计划（2018—2020年）》

根据《关于深化"互联网+先进制造业"发展工业互联网的指导意见》（以下简称《指导意见》），2018—2020年是我国工业互联网建设起步阶段，对未来发展影响深远。为贯彻落实《指导意见》要求，深入实施工业互联网创新发展战略，推动实体经济与数字经济深度融合，制定本行动计划。

一、总体要求

（一）指导思想

以习近平新时代中国特色社会主义思想为指导，全面贯彻党的十九大和十九届二中、三中全会精神，坚持新发展理念，按照高质量发展的要求，落实《指导意见》决策部署，以供给侧结构性改革为主线，以全面支撑制造强国和网络强国建设为目标，着力建设先进网络基础设施，打造标识解析体系，发展工业互联网平台体系，同步提升安全保障能力，突破核心技术，促进行业应用，初步形成有力支撑先进制造业发展的工业互联网体系，筑牢实体经济和数字经济发展基础。

（二）行动目标

到 2020 年年底，初步建成工业互联网基础设施和产业体系。

——初步建成适用于工业互联网高可靠、广覆盖、大带宽、可定制的企业外网络基础设施，企业外网络基本具备互联网协议第六版（IPv6）支持能力；形成重点行业企业内网络改造的典型模式。

——初步构建工业互联网标识解析体系，建成 5 个左右标识解析国家顶级节点，标识注册量超过 20 亿。

——初步形成各有侧重、协同集聚发展的工业互联网平台体系，在鼓励支持各省（区、市）和有条件的行业协会建设本区域、本行业的工业互联网平台基础上，分期分批遴选 10 个左右跨行业跨领域平台，培育一批独立经营的企业级平台，打造工业互联网平台试验测试体系和公共服务体系。推动 30 万家以上工业企业上云，培育超过 30 万个工业 App。

——初步建立工业互联网安全保障体系，建立健全安全管理制度机制，全面落实企业内网络安全主体责任，制定设备、平台、数据等至少 10 项相关安全标准，同步推进标识解析体系安全建设，显著提升安全态势感知和综合保障能力。

二、重点任务

（一）基础设施能力提升行动

行动内容：

1. 完善工业互联网网络体系顶层设计。出台工业互联网网络化改造实施指南,制定工业互联网网络化改造评估体系并开展评估。进行工业互联网设备进网管理制度研究,组织开展联网设备检测认证。

2. 升级建设工业互联网企业外网络。组织信息通信企业通过改造已有网络、建设新型网络等方式,建设低时延、高带宽、广覆盖、可定制的工业互联网企业外网络。建设一批基于 5G、窄带物联网(NB-IoT)、软件定义网络(SDN)、网络虚拟化(NFV)等新技术的测试床。

3. 支持工业企业建设改造工业互联网企业内网络。在汽车、航空航天、石油化工、机械制造、轻工家电、信息电子等重点行业部署时间敏感网络(TSN)交换机、工业互联网网关等新技术关键设备。支持建设工业无源光网络(PON)、低功耗工业无线网络等新型网络技术测试床。

4. 实施工业互联网 IPv6 应用部署行动。组织电信企业初步完成企业外网络和网间互联互通节点的 IPv6 改造,建立 IPv6 地址申请、分配、使用、备案管理体制,建设 IPv6 地址管理系统,推动落实适用于工业互联网的 IPv6 地址编码规划方案,通过支持建设测试床、开展应用示范等方式,加快工业互联网 IPv6 关键设备、软件和解决方案的研发和应用部署。

5. 推进连接中小企业的专线提速降费。支持高性能、高灵活、高安全隔离的新型企业专线的应用。发布提速降费专项行动文件,降低工业企业网络使用成本。

6. 加大工业互联网领域无线电频谱等关键资源保障力度。研究工业互联网用频场景和频率需求,制定完善工业互联网频率规划和

使用政策。

时间节点：2020年前，企业外网络基本能够支撑工业互联网业务对覆盖范围和服务质量的要求，IPv6改造基本完成；实现重点行业超过100家企业完成企业内网络改造。

责任部门：工业和信息化部、发展和改革委员会、财政部。

（二）标识解析体系构建行动

行动内容：

7. 在政府主管部门指导下，研究制定管理办法和整体架构，统筹协调根节点、国家顶级节点、注册管理系统的建设和运营，开放授权一批二级及以下其他服务节点运营机构。

8. 建设和运营国家顶级节点，提供顶级域解析服务，与国内外各主要标识解析系统实现互联互通，形成备案、监测、应急等公共服务能力。建设和运营标识解析二级及以下其他服务节点。

时间节点：2018年完成中国工业互联网研究院组建，承担国家工业互联网标识解析管理机构职能，研究制定工业互联网标识解析体系架构，启动建设3个左右标识解析国家顶级节点。2020年建成5个左右标识解析国家顶级节点，形成10个以上公共标识解析服务节点，标识注册量超过20亿。

责任部门：工业和信息化部、发展和改革委员会、财政部。

（三）工业互联网平台建设行动

行动内容：

9. 编制工业互联网平台建设及推广工程实施指南，制定跨行业跨领域工业互联网平台评价指南，遴选跨行业跨领域工业互联网平台，培育一批独立经营的企业级平台。

10. 支持建设跨行业跨领域、特定行业、特定区域、特定场景的工业互联网平台试验测试环境和测试床，推动终端接入规模不断扩大，模拟各类业务场景，通过试验测试寻找最佳技术和产品路线，形成标准化解决方案，逐步完善平台功能。

11. 支持建设涵盖基础及创新技术服务、监测分析服务、工业大数据管理、标准管理服务等的平台公共支撑体系。

12. 推动百万工业企业上云，组织实施工业设备上云"领跑者"计划，制订发布平台解决方案提供商目录。支持建设平台技术转移中心，加快平台在产业集聚区的规模化应用。

13. 编制发布工业App培育工程实施方案，推动百万工业App培育。

时间节点：2020年前，遴选10家左右跨行业跨领域工业互联网平台，培育一批独立经营的企业级工业互联网平台。建成工业互联网平台公共服务体系。推动30万家工业企业上云，培育30万个工业App。

责任部门：工业和信息化部、财政部、国资委。

（四）核心技术标准突破行动

行动内容：

14. 成立国家工业互联网标准协调推进组、总体组和专家咨询组，形成标准化主管部门、研究机构、企业协同推进的标准体系建

设机制。

15. 制定国家工业互联网标准体系建设指南，研制通用需求、体系架构等总体性标准，开发新型网络技术和计算技术、网络互联和数据互通接口、标识解析、工业互联网平台，及相应的设备、平台、网络和数据安全等基础共性标准，制定面向重点行业应用的标准规范。

16. 开展工业互联网关键核心技术研发和产品研制，推进边缘计算、深度学习、增强现实、虚拟现实、区块链等新兴前沿技术在工业互联网的应用研究。

17. 建设一批新技术和标准符合性试验验证系统，开发和推广仿真和测试工具。

时间节点：2018年年底，成立国家工业互联网标准协调推进组、总体组和专家咨询组，初步建立工业互联网标准体系框架，建立1～2个技术标准与试验验证系统。2020年前，制定20项以上总体性及关键基础共性标准，制定20项以上重点行业标准，形成一批具有自主知识产权的核心关键技术，建立5个以上的技术标准与试验验证系统，推出一批具有国内先进水平的工业互联网软硬件产品。

责任部门：工业和信息化部、市场监督管理总局（国家标准委）、科技部、财政部、知识产权局。

（五）新模式新业态培育行动

行动内容：

18. 开展工业互联网集成创新应用试点示范，探索基于网络、平台、安全、标识解析等关键要素的实施路径。

19. 提升大型企业工业互联网创新和应用水平，实施底层网络化、智能化改造，支持构建跨工厂内外的工业互联网平台和工业App，打造互联工厂和全透明数字车间，形成智能化生产、网络化协同、个性化定制和服务化延伸等应用模式。

20. 加快中小企业工业互联网应用普及，鼓励云化软件工具应用，汇聚并搭建中小企业资源库与需求池，开展供需对接、软件租赁、能力开放、众包众创、云制造等创新型应用。

时间节点：2020年前，重点领域形成150个左右工业互联网集成创新应用试点示范项目，形成一批面向中小企业的典型应用，打造一批优秀系统集成商和应用服务商。

责任部门：工业和信息化部、发展和改革委员会、财政部、商务部、国防科工局、国资委。

（六）产业生态融通发展行动

行动内容：

21. 支持龙头企业、技术服务机构开展开源社区、开发者平台和开放技术网络建设，面向工业App开发、协议转换等共性技术和人工智能等新兴技术，打造汇聚开发者、开发工具和中小企业的开放平台，组织开发者创业创新大赛。

22. 支持制造企业、互联网企业、研究院所、高校等合作建设工业互联网创新中心，开展关键共性技术研究、标准研制、试验验证等。

23. 支持建设一批工业互联网产业示范基地，集聚地区特色资源，改造提升现有工业产业集聚区工业互联网相关设施，实现区域

内工业互联网创新发展。

24. 加强社会宣传普及，组织编写工业互联网系列专著，利用线下培训班、线上课程等多种形式开展工业互联网网络、平台等发展政策解读与宣贯。

时间节点：2020 年前，建设 1~2 个跨行业跨领域开发者或开源社区，建设工业互联网创新中心，培育 5 个左右集关键技术、先进产业、典型应用等功能于一体的工业互联网产业示范基地，持续优化工业互联网产业生态建设与空间布局。

责任部门：工业和信息化部、科技部。

（七）安全保障水平增强行动

行动内容：

25. 健全安全管理制度机制，出台工业互联网安全指导性文件，明确并落实企业主体责任，对工业行业和工业企业实行分级分类管理，建立针对重点行业、重点企业的监督检查、信息通报、应急响应等管理机制。

26. 初步建立工业互联网全产业链数据安全管理体系，强化平台及数据安全监督检查和风险评估，支持开展安全认证。

27. 指导督促企业强化自身网络安全技术防护，推动加强国家工业互联网安全技术保障手段及数据安全防护技术手段建设，提升安全态势感知和综合保障能力。

时间节点：2020 年前，安全管理制度机制和标准体系基本完备。企业、地方、国家三级协同的安全技术保障体系初步形成。

责任部门：工业和信息化部、发展和改革委员会、财政部。

（八）开放合作实施推进行动

行动内容：

28. 利用双多边合作和高层对话机制，推进工业互联网政策、法律、治理等重大问题交流沟通合作。

29. 指导工业互联网产业联盟等与其他国家产业组织、国际组织在架构、技术、标准、应用、人才等多领域开展合作对接。鼓励国内外企业加强技术、产品、解决方案、投融资等多领域合作，提高企业国际化发展能力。

时间节点：2018年推动工业互联网产业联盟与主要相关国际组织的合作机制建立。持续三年推进企业、产业组织以及政府间对话合作。

责任部门：工业和信息化部。

（九）加强统筹推进

任务内容：

30. 在国家制造强国建设领导小组下设立工业互联网专项工作组，统筹工业互联网重大工作。设立工业互联网战略咨询专家委员会，为工业互联网发展提供决策支撑。

31. 进一步加强工业互联网产业发展监测和数据统计，启动工业互联网产业年度摸底调查，全面掌握产业发展情况。组织地方和

有关部门进行动态跟踪,定期向工业互联网专项工作组报送行动计划实施进展情况。定期对计划落实情况进行评估,研制工业互联网发展评价体系,滚动发布年度发展报告。

时间节点:2018年年初成立工业互联网专项工作组、工业互联网战略咨询专家委员会,每年召开会议,研究讨论工业互联网发展重大事项。滚动开展工业互联网发展情况评估。

责任部门:工业和信息化部。

(十)推动政策落地

任务内容:

32. 开展工业互联网网络安全、平台责任、数据保护等及新兴应用领域信息保护、数据流通、政府数据公开、安全责任等法律问题研究,开展工业互联网相关法律、行政法规和规章立法工作。

时间节点:2018年开展工业信息安全立法等重点问题研究。2020年年初步建立保障工业互联网发展的法规体系和制度。

责任部门:工业和信息化部。

33. 构建融合发展制度,深化简政放权、放管结合、优化服务改革,激发各类市场主体活力。完善协同推进体系,充分发挥工业互联网专项工作组的作用,建立部门间高效联动机制和中央地方协同机制,促进跨部门、跨区域系统对接。健全协同发展机制,壮大工业互联网产业联盟等产业组织,联合产业各方开展技术、标准、应用研发及投融资对接、国际交流等活动。

时间节点:2020年融合发展制度基本建立,协同推进体系和发展机制持续完善。

责任部门：工业和信息化部、发展和改革委员会、科技部、财政部、商务部、应急管理部、市场监督管理总局、知识产权局、国防科工局。

34. 抓紧研究制定支持工业互联网总体方案并上报国务院。通过工业转型升级资金启动支持工业互联网建设。落实固定资产加速折旧等相关税收优惠政策。

时间节点：专项资金2018年启动支持，税收优惠持续推进。

责任部门：财政部、税务总局、发展和改革委员会、科技部、工业和信息化部。

35. 推动银行业金融机构探索数据资产质押、知识产权质押、绿色信贷、"银税互动"等在工业互联网领域的应用推广。推动非金融企业债务融资工具、企业债、公司债、项目收益债、可转债等在工业互联网领域的应用。支持保险公司根据工业互联网风险需求开发相应的保险产品。

时间节点：持续三年推进工业互联网金融服务和产品创新。

责任部门：人民银行、银保监会、证监会、发展和改革委员会、财政部、税务总局、工业和信息化部。

36. 依托国家重大人才工程项目和高层次人才特殊支持计划，引进一批工业互联网高水平研究性科学家和高层次科技领军人才，建设工业互联网智库。建立工业互联网高端人才引进绿色通道，完善配套政策。完善技术入股、股权期权激励、科技成果转化收益分配等机制。

时间节点：持续三年推进人才引进和人才建设。2019年人才引

进绿色通道相关政策初步制定。2020 年技术入股、股权期权激励、科技成果转化收益分配等机制建立。

责任部门：教育部、科技部、工业和信息化部、人力资源社会保障部、知识产权局、卫生健康委、发展改革委、财政部、国资委。

名词解释

英文简称	英文全称	中文全称
5G	5th-Generation	第五代移动通信
App	Application	应用程序
IPv6	Internet Protocol Version 6	互联网协议第六版本
NB-IoT	Narrow Band Internet of Things	窄带物联网
NFV	Network Function Virtualization	网络虚拟化
PON	Passive Optical Network	无源光网络
SDN	Software Defined Network	软件定义网络
TSN	Time Sensitive Network	时间敏感网络

《工业互联网平台建设及推广指南》

工业互联网平台是面向制造业数字化、网络化、智能化需求，构建基于云平台的海量数据采集、汇聚、分析服务体系，支撑制造资源泛在连接、弹性供给、高效配置。为贯彻落实《国务院关于深化"互联网＋先进制造业"发展工业互联网的指导意见》，加快发展工业互联网平台，制定本指南。

一、总体要求

深入贯彻落实党的十九大和十九届二中、三中全会精神，以习近平新时代中国特色社会主义思想为指导，坚持新发展理念，聚焦工业互联网平台发展，以平台标准为引领，坚持建平台和用平台双轮驱动，打造平台生态体系，优化平台监管环境，加快培育平台新技术、新产品、新模式、新业态，有力支撑制造强国和网络强国建设。

到 2020 年，培育 10 家左右的跨行业跨领域工业互联网平台和一批面向特定行业、特定区域的企业级工业互联网平台，工业 App 大规模开发应用体系基本形成，重点工业设备上云取得重大突破，遴选一批工业互联网试点示范（平台方向）项目，建成平台试验测试和公共服务体系，工业互联网平台生态初步形成。

二、制定工业互联网平台标准

（一）**建立工业互联网平台标准体系**。制定工业互联网平台参考架构、技术框架、评价指标等基础共性标准。组织推进边缘计算、异构协议兼容适配、工业微服务框架、平台数据管理、平台开放接口、应用和数据迁移、平台安全等关键技术标准制定，面向特定行业制定形成一批平台应用标准。

（二）**推动形成平台标准制定与推广机制**。充分发挥企业、高校、科研院所、联盟、行业协会作用，推动国家标准、行业标准和团体标准的制定与推广。建设标准管理服务平台，开发标准符合性验证工具及解决方案，在重点行业、重点区域开展标准宣贯培训。

（三）**推动平台标准国际对接**。建立与国际产业联盟、标准化组织的对标机制，等同采纳国际标准，加快国际标准的国内转化。支持标准化机构、重点企业主导或实质参与国际标准制定。

三、培育工业互联网平台

（四）**遴选 10 家左右的跨行业跨领域工业互联网平台**。制定工业互联网平台评价方法，在地方普遍发展工业互联网平台的基础上，分期分批遴选跨行业跨领域平台，加强跟踪评价和动态调整。组织开展工业互联网试点示范（平台方向）、应用现场会，推动平台在重点行业和区域落地，支持跨行业跨领域平台拓展国际市场。

（五）发展一批面向特定行业、特定区域的企业级工业互联网平台。制定工业互联网平台服务能力规范，支持协会联盟等开展平台能力成熟度评价，发布重点行业工业互联网平台推荐名录。鼓励地方建设工业互联网平台省级制造业创新中心，推动平台在"块状经济"产业集聚区落地。

（六）提升工业互联网平台设备管理能力。支持建设工业设备协议开放开源社区，引导设备厂商、自动化企业开放设备协议、数据格式、通信接口等源代码，形成工业设备数据采集案例库和工具箱。组织开展边缘计算技术测试与应用验证，推动基于工业现场数据的实时智能分析与优化。

（七）加速工业机理模型开发与平台部署。鼓励平台整合高校、科研院所等各方资源，推动重点行业基础共性技术的模型化、组件化、软件化与开放共享，促进基于工业互联网平台的工业知识沉淀、传播、复用与价值创造。

（八）强化工业互联网平台应用开发能力。支持平台建设多类开发语言、建模工具、图形化编程环境，开发平台化、组件化的行业解决方案软件包，推动面向场景的多功能、高灵活、预集成平台方案应用部署。

（九）打造面向工业场景的海量工业 App。组织研制工业 App 参考架构、通用术语、分类准则等标准。编制和滚动修订基础共性工业 App 需求目录，支持平台联合各方建设基础共性和行业通用工业 App 及微服务资源池。鼓励第三方建设工业 App 研发协同平台和交易平台，推动工业 App 交易。

四、推广工业互联网平台

（十）实施工业设备上云"领跑者"计划。制定分行业、分领域重点工业设备数据云端迁移指南，推动工业窑炉、工业锅炉、石油化工设备等高耗能流程行业设备，柴油发动机、大中型电机、大型空压机等通用动力设备，风电、光伏等新能源设备，工程机械、数控机床等智能化设备上云用云，提高设备运行效率和可靠性，降低资源能源消耗和维修成本。鼓励平台在线发布核心设备运行绩效榜单和最佳工艺方案，引导企业通过对标优化设备运行管理能力。

（十一）推动企业业务系统上云。鼓励龙头企业面向行业开放共享业务系统，带动产业链上下游企业开展协同设计和协同供应链管理。鼓励地方通过创新券、服务券等方式加大企业上云支持力度，发挥中小企业公共服务平台、小型微型企业创业创新基地作用，降低中小企业平台应用门槛。

（十二）培育工业互联网平台应用新模式。组织开展工业互联网试点示范（平台方向），培育协同设计、协同供应链管理、产品全生命周期管理、供应链金融等平台应用新模式。组织制定工业互联网平台应用指南，明确平台应用的咨询、实施、评估、培训、采信等全流程方法体系。

五、建设工业互联网平台生态

（十三）建设工业互联网平台试验测试体系。以测带建、以测促用，支持建设一批面向跨行业跨领域、特定区域和特定行业的试验测试环境，以及一批面向特定场景的测试床，开展技术成熟度、功能完整性、协议兼容性、数据安全性等试验测试。

（十四）**建设工业互联网平台开发者社区**。支持协会联盟联合跨行业跨领域平台建设开发者社区，推动平台开放开发工具、知识组件、算法组件等工具包（SDK）和应用程序编程接口（API），构建工业App开发生态。指导开发者社区建立人才培训、认证、评价体系，组织开展开发者创业创新大赛，加快工业App开发者人才队伍建设。

（十五）**建设工业互联网平台新型服务体系**。探索基于平台的知识产权激励和保护机制，创建工业互联网平台知识交易环境。构建基于平台的制造业新型认证服务体系，推动建立线上企业资质、产品质量和服务能力认证新体系。建设工业互联网平台基础及创新技术服务平台，推动资源库建设与技术成果交易。

六、加强工业互联网平台管理

（十六）**推动平台间数据与服务互联互通**。制定工业互联网平台互联互通规范，构建公平、有序、开放的平台发展环境。制定发布工业互联网平台数据迁移行业准则，实现不同平台间工业数据的自由传输迁移。支持协会联盟制定软件跨平台调用标准，推动工业模型、微服务组件、工业App在不同平台间可部署、可调用、可订阅。

（十七）**开展平台运营分析与动态监测**。搭建监测分析服务平

台,加强与工业互联网平台运营数据共享,实时、动态监测工业互联网平台发展情况。发布工业 App 订阅榜、平台用户地图等榜单,开发细分行业产能分布数字地图。加强工业大数据管理与新技术应用,推进平台间数据安全流动、可信交易、汇聚共享和服务增值。

(十八)**完善平台安全保障体系**。制定完善工业信息安全管理等政策法规,明确安全防护要求。建设国家工业信息安全综合保障平台,实时分析平台安全态势。强化企业平台安全主体责任,引导平台强化安全防护意识,提升漏洞发现、安全防护和应急处置能力。

附录
我国工业互联网安全相关政策

《工业互联网平台评价方法》

为规范和促进我国工业互联网平台发展,支撑开展工业互联网平台评价与遴选,制定本方法。工业互联网平台评价重点包括平台基础共性能力要求、特定行业平台能力要求、特定领域平台能力要求、特定区域平台能力要求、跨行业跨领域平台能力要求五个部分。

一、基础共性能力要求

工业互联网平台基础共性能力要求包括平台资源管理、应用服务等工业操作系统能力,以及平台基础技术、投入产出效益共四个方面。

(一)平台资源管理能力

1. 工业设备管理。兼容多类工业通信协议,可实现生产装备、装置和工业产品的数据采集。部署各类终端边缘计算模块,可实现工业设备数据实时处理。适配主流工业控制系统,可实现参数配置、功能设定、维护管理等设备管理操作。

2. 软件应用管理。可基于云计算服务架构,提供研发、采购、生产、营销、管理和服务等工业软件,提供工业软件集成适配接口。

可基于平台即服务架构，提供面向各类工业场景的机理模型、微服务组件和工业 App。具备各类软件应用及工业 App 的搜索、认证、交易、运行、维护等管理能力。

3. **用户与开发者管理**。具备多租户权限管理、用户需求响应、交易支付等多类用户管理功能。建有开发者社区，能够集聚各类开发者，并提供应用开发、测试、部署和发布的各类服务和管理功能。

4. **数据资源管理**。具备海量工业数据资源的存储与管理功能，部署多类结构化、非结构化数据管理系统，提供工业数据的存储、编目、索引、去重、合并及质量评估等管理功能。

（二）平台应用服务能力

1. **存储计算服务**。具备云计算运行环境，部署主流数据库系统，能够为用户提供可灵活调度的计算、存储和网络服务，满足海量工业数据的高并发处理需求，且积累存储一定规模的工业数据。

2. **应用开发服务**。提供多类开发语言、开发框架和开发工具，提供通用建模分析算法，能够支撑数据模型及软件应用的快速开发，满足多行业多场景开发需求。

3. **平台间调用服务**。支持工业数据在不同 IaaS 平台间的自由迁移。支持工业软件、机理模型、微服务、工业 App 在不同 PaaS 平台间的部署、调用和订阅。

4. **安全防护服务**。部署安全防护功能模块或组件，建立安全防护机制，确保平台数据、应用安全。

5. **新技术应用服务**。具备新技术应用探索能力，开展人工智能、区块链、VR/AR/MR 等新技术应用。

（三）平台基础技术能力

1. **平台架构设计**。具有完整的云计算架构，能够基于公有云、私有云或混合云提供服务。

2. **平台关键技术**。具有设备协议兼容、边缘计算、异构数据融合、工业大数据分析、工业应用软件开发与部署等关键技术能力。

（四）平台投入产出能力

1. **平台研发投入**。具备对平台的可持续投入能力，财务状况、研发投入合理。

2. **平台产出效益**。能够依托各类服务及解决方案，为平台企业创造良好经济效益。

3. **平台应用效果**。具有良好的应用效果，能够基于平台应用带动制造企业提质增效。

4. **平台质量审计**。具有明确的运行安全和质量审计机制和能力，以降低由平台运营的潜在风险引起的损失。

二、特定行业平台能力要求

在工业互联网平台基础共性能力基础上，特定行业平台在设备接入、软件部署和用户覆盖三个方面具有额外要求。

（一）行业设备接入能力

平台在特定行业具有设备规模接入能力，连接不少于一定数量特定行业工业设备（离散行业）或不少于一定数量特定行业工艺流程数据采集点（流程行业）。

（二）行业软件部署能力

平台在特定行业具有工业知识经验的沉淀、转化与复用能力，提供不少于一定数量行业软件集成接口、特定行业机理模型、微服务组件，以及不少于一定数量特定行业工业 App。

（三）行业用户覆盖能力

平台在特定行业具有规模化应用能力，覆盖不少于一定数量特定行业企业用户或不少于一定比例特定行业企业。

三、特定领域平台能力要求

在工业互联网平台基础共性能力基础上，特定领域平台在关键数据打通、关键领域优化构建两个方面具有额外要求。

（一）关键数据打通能力

特定领域平台能够实现研发设计、物料采购、生产制造、运营管理、仓储物流、产品服务等产品全生命周期，供应链企业、协作企业、市场用户、外部开发者等各主体数据的打通，实现全流程的数据集成、开发、利用。

（二）关键领域优化能力

特定领域平台能够实现在某一关键领域的应用开发与优化服务，提升关键环节生产效率与产品质量。如协同设计、供应链管理、智能排产、设备预测性维护、产品质量智能检测、仓储与物流优化等。

四、特定区域平台能力要求

在工业互联网平台基础共性能力基础上，特定区域平台在地方合作、资源协同、规模推广三个方面具有额外要求。

（一）区域地方合作能力

平台在特定区域（工业园区或产业集聚区）落地，在该地具有注册实体，与地方政府签订合作协议，具备在地方长期开发投入、运营服务能力。

（二）区域资源协同能力

平台具有面向特定区域产业转型升级共性需求的服务能力，能够促进区域企业信息共享与资源集聚，带动区域企业协同发展。

(三)区域规模推广能力

平台具有特定区域企业的规模覆盖能力,为不少于一定数量特定区域企业或不低于一定比例特定区域企业提供服务。

五、跨行业跨领域平台能力要求

在工业互联网平台基础共性能力、特定行业能力、特定区域能力、特定领域能力基础上,跨行业跨领域平台要求包括如下五个方面。

(一)平台跨行业能力

平台覆盖不少于一定数量特定行业:

每个行业连接不少于一定数量行业设备(离散行业)或不少于一定数量行业工艺流程数据采集点(流程行业)。

每个行业部署不少于一定数量行业机理模型、微服务组件,以及不少于一定数量行业工业App。

每个行业覆盖不少于一定数量企业用户或不少于一定比例行业企业。

(二)平台跨领域能力

平台覆盖不少于一定数量特定领域:

每个领域之间能够实现不同环节、不同主体的数据打通、集成与共享。

每个领域具有不少于一定数量面向该领域(关键环节)的工业

机理模型、微服务组件或工业 App。

(三) 平台跨区域能力

平台覆盖不少于一定数量特定区域:

平台在全国 (华北、华东、华南、华中、西北、东北) 主要区域注册不低于一定数量运营实体，负责平台在当地区域的运营推广。每个区域具有不少于一定数量特定区域企业用户或为不低于一定比例的特定区域企业提供服务。

(四) 平台开放运营能力

1. **平台具备独立运营能力**。具有独立法人实体或完整组织架构的集团独立部门，人员规模不少于一定规模。

2. **平台具备开放运营能力**。建立产学研用长期合作机制，建有开发者社区，且第三方开发者占平台开发者总数比例不低于一定比例。

(五) 平台安全可靠能力

1. **工控系统安全可靠**。在平台中建立工控系统安全防护机制，主动防护漏洞危害与病毒风险。

2. **关键零部件安全可靠**。在平台边缘计算或人工智能应用中，具备关键零部件的安全可靠能力。

3. **软件应用安全可靠**。平台创新开发一定数量工业机理模型、微服务组件或工业 App。

参考文献

[1] 2018年工业互联网案例汇编—优秀应用案例. 工业互联网产业联盟，2019, 2.

[2] 李琳，等. 工业互联网平台安全现状研究［EB/OL］. 2018, 9.

[3] 陈芳. 工业互联网：一种渐进式变革［J］. 软件和集成电路，2018(7): 12-13.

[4] 陈天，陈楠，李阳春，等. 边缘计算核心技术辨析［J］. 广东通信技术，2018, 38(12): 40-45.

[5] 范灵俊. 发展工业互联网的难点和对策［J］. 互联网经济，2018(11): 46-51.

[6] 工业互联网产业联盟. 工业互联网平台安全防护要求，2018,2.

[7] 工业互联网与数据智能［J］. 软件和集成电路，2018(8): 38-39.

[8] 工业数据安全事故频发,平台漏洞是祸首[EB/OL]. 2018, 8.

[9] 郭瑞祥，汪少成，范叶平，等. 云安全防护与安全操作系统关键技术研究及应用［J］. 中国科技纵横，2018(24): 15-17.

[10] 国家工业信息安全发展研究中心统计报告. 2019, 3.

[11] 海尔打造 COSMOPlat 工业互联网平台为企业转型发展注入新动能[EB/OL].

[12] 郝泽晋，梁志鸿，张游杰，等. 大数据安全技术概述［J］. 内蒙古科技与经济，2018, 24: 75-78.

[13] 李君，邱君降，窦克勤，等. 基于成熟度视角的工业互联网平台评价研究［J］. 科技管理研究，2019, 39(2): 43-47.

[14] 李君，邱君降，柳杨，等. 工业互联网平台评价指标体系构建与应用研究［J］. 中国科技论坛，2018, 12: 70-86.

[15] 林小新. 云计算、边缘计算和雾计算了解每种计算的实际应用［J］. 计算机与网络，2018, 44(23): 42-43.

[16] 林炫. 工业互联网平台在中国的发展［J］. 中国工业和信息化，2019, 1: 22-28.

[17] 刘棣斐，李南，牛芳，等. 工业互联网平台发展与评价［J］. 信息通信技术与政策，2018, 10: 1-5.

[18] 毛华阳. 基于大数据的工业互联网安全初探［J］. 电信技术，2018, 11: 49-53, 58.

[19] 潘峰. 关于云计算数据中心大数据安全技术分析［J］. 海峡科技与产业，2017, 10: 69-70.

[20] 曲思龙，富春岩，于占龙，等. 免疫云安全系统中关键技术研究［J］. 电脑知识与技术，2018, 14(18): 38-39.

[21] 赛迪智库. 建设面向工业互联网平台的监测分析服务平台支撑工业互联网平台高质量发展［J］. 网络安全和信息化，2018, 000(009): 8.

[22] 石洋. 探索下一代网络技术对工业互联网应用的影响［J］. 中国新通信，2018, 20(20): 159.

[23] 童群. 工业互联网发展现状及对策[J]. 设备管理与维修, 2018, 22: 57-59.

[24] 王伟, 杨育斌, 覃晓宁. 云安全技术公共服务平台的发展战略[J]. 电子技术与软件工程, 2018: 216-217.

[25] 徐强. 高质量推进工业互联网建设[J]. 浙江经济, 2019, 1: 36-37.

[26] 杨少杰. 工业互联网与组织新模式[J]. 中国工业和信息化, 2018, 11: 22-33.

[27] 杨业令. 大数据背景下云存储中数据安全技术研究[J]. 科学与信息化, 2018, 29: 51,54.

[28] 尹峰. 海外工业互联网发展镜鉴[J]. 互联网经济, 2018, 11: 58-61.

[29] 袁刚. 云安全检测技术的安全性相关研究[J]. 网络安全技术与应用, 2019, 1: 52-53.

[30] 张行. 大数据网络环境下的云安全技术研究[J]. 网络安全技术与应用, 2018, 12: 71-72.

[31] 赵一洋, 王彦. 工业互联网的政策解读和发展状况[J]. 互联网经济, 2018, 11: 32-39.

[32] 祝毓. 国外工业互联网主要进展[J]. 竞争情报, 2018, 14(6): 59-65.

[33] 庄小君, 杨波, 王旭, 等. 移动边缘计算安全研究[J]. 电信工程技术与标准化, 2018, 31(12): 38-43.

[34] 张民. 自主可控——工业互联网的安全阀[J]. 中国传媒科技, 2018, 12: 8.

后　记

工业互联网平台安全是一个复杂的系统工程，从概念、架构、技术到标准、策略，需要构建一个完整的理论体系；平台安全又是"互联网+先进制造业"融合发展带来的全新安全领域，构建安全体系既需要紧扣工业知识和制造技术，又需要对传统网络安全技术有深刻的认识和把握。《决胜安全：构筑工业互联网平台之盾》在坚持"保安全"与"促发展"同步、坚持"建体系"与"抓重点"结合、坚持"强管理"和"重防护"并举的基础上，希望普及平台安全的基本知识，对平台安全标准体系、技术体系和防护体系做一个系统梳理，并提供大量生动、鲜活的案例和成熟的解决方案。

本书的编写团队来自不同的专业领域，是直接从事工业互联网平台建设、发展及安全保障相关工作的专业人士。面对工业互联网平台安全这一几乎未经开垦的"处女地"，为了拿出既高质量、系统性又可读性强、浅显易懂的书稿，大家工作之余聚集在一起，发挥各自的资源优势，同时克服了参考资料不足、业界实践缺乏等诸多始料未及的困难，经过半年多时间的策划、编写与研讨，包括反复构思章节架构、细致推敲文本内容、组织召开专家研讨会、广泛

听取意见建议,在编写过程中数次推倒重来、修改近十稿,最终形成此书,并付梓出版。

可以说,本书凝结了编写组的辛勤汗水,从构思、写作、修改到出版,编写组也幸运地得到了业界和科研领域许多领导和同仁的无私帮助,在此要对他们致以最衷心的感谢。感谢工业和信息化部信息化和软件服务业司领导的鼓励和指导,为本书的编写明确了定位和方向;感谢国家工业信息安全发展研究中心相关领导同志的全力支持,为本书的编写投入了大量的资源;感谢航天云网、徐工信息、用友、东方国信、阿里云、启明星辰、立思辰、恒安嘉新等企业为本书提供了翔实的一手资料,凝聚成本书最有实践意义的内容篇章;感谢胡虎、庞潼川、孙功星、石峰等业界资深专家的指导帮助,他们在网络与信息安全方面具有丰富的经验,为本书提供了很好的意见建议;感谢电子工业出版社刘九如总编辑、董亚峰编审、缪晓红编辑为本书高效、高质量的出版做出的贡献。最后,感谢编写团队的全情投入,尤其是郭娴、刘京娟、程薇宸、余章馗、张慧敏、李亦豪、狄晓晓等,倾注了大量心血,以期为广大读者打造出一本全面普及工业互联网平台安全知识的综合性读物。

工业互联网平台已经从概念普及进入实践深耕阶段,平台安全更是一个新生事物。本书对某些内容的研究还不够深入,对部分观点的认知还需进一步深化,书中难免存在不足之处。恳请各位读者批评指正,本书编写团队将在修订过程中不断改进和完善。